高等院校计算机类规划教材

Visual C++程序设计实验教程
与学习指导

主　编　赵　敏

副主编　方　芳　高建波

U0291215

北京邮电大学出版社
www.buptpress.com

内 容 简 介

本书分为两篇:面向对象编程实验和面向对象编程习题。第 1 篇包括第 1~10 章,分别为 Visual C++ 2010 简介、数据类型和表达式、流程控制语句、函数、面向对象编程基础、面向对象编程进阶、MFC 编程、 Windows 窗体应用程序开发、数据库应用编程、网络编程。第 2 篇包括第 11~15 章,分别为数据类型和表达式习题、流程控制语句习题、函数习题、面向对象编程基础习题、面向对象编程进阶习题。

本书面向具备一定 Visual C++编程基础、对面向对象编程感兴趣的读者。

图书在版编目(CIP)数据

Visual C++程序设计实验教程与学习指导 / 赵敏主编 . - - 北京 : 北京邮电大学出版社,2022.4 (2024.1 重印)

ISBN 978-7-5635-6613-6

Ⅰ. ①V… Ⅱ. ①赵… Ⅲ. ①C 语言－程序设计－高等学校－教学参考资料 Ⅳ. ①TP312.8

中国版本图书馆 CIP 数据核字(2022)第 041896 号

策划编辑:刘纳新 姚 顺 **责任编辑**:刘春棠 **封面设计**:七星博纳

出版发行:北京邮电大学出版社
社 址:北京市海淀区西土城路 10 号
邮政编码:100876
发 行 部:电话:010-62282185 传真:010-62283578
E-mail:publish@bupt.edu.cn
经 销:各地新华书店
印 刷:北京虎彩文化传播有限公司
开 本:787 mm×1 092 mm 1/16
印 张:11.5
字 数:283 千字
版 次:2022 年 4 月第 1 版
印 次:2024 年 1 月第 2 次印刷

ISBN 978-7-5635-6613-6 定价:30.00 元

· 如有印装质量问题,请与北京邮电大学出版社发行部联系 ·

前　言

本书分为两篇：面向对象编程实验和面向对象编程习题。

面向对象编程实验由 Visual C++ 2010 简介、数据类型和表达式、流程控制语句、函数、面向对象编程基础、面向对象编程进阶、MFC 编程、Windows 窗体应用程序开发、数据库应用编程、网络编程共 10 章组成。

面向对象编程习题由数据类型和表达式习题、流程控制语句习题、函数习题、面向对象编程基础习题、面向对象编程进阶习题共 5 章组成。

本书第 1 篇中的例题用极简的代码，实现对基本概念的介绍，使读者能够更透彻地理解类、对象、函数重载、函数模板、类的继承、虚函数等面向对象的关键基础知识。学习面向对象程序设计最快、最有效的方式是学习现有的程序，因此编程实验能使读者全面、深入地理解并熟练地掌握所学内容。而编程离不开调试，本书补充了程序调试的方法与技巧并将之应用于部分程序的分析。第 2 篇是对第 1 篇的有效补充，能够进一步培养读者分析问题、解决问题的能力。

与其他高级语言（除了 C 语言外）相比，Visual C++ 具有更底层、运算速度更快的特点，因此至今仍是非常流行的经典编程语言。

本书之所以使用 Visual C++ 2010 是因为该版本安装方便，很多学生在安装更高版本的 Visual C++ 时会遇到各种问题，容易产生挫败感，不利于学生进一步深入学习。学生学完该课程，具备了一定的 Visual C++ 基础知识后，可以下载并使用更高版本的 Visual C++，或者学习更加便捷的 QT 窗体编程。

本书收集了大量的例题和习题，讲解深入浅出，特别适合初学者使用。

本书由赵敏担任主编，由方芳和高建波担任副主编。感谢曾经使用过本书的学生所提出的宝贵意见。

由于编者水平有限，书中难免会有疏漏，恳请读者批评指正。

目　　录

第1篇　面向对象编程实验

第 2 篇　面向对象编程习题

第1篇　面向对象编程实验

第1章　Visual C++ 2010 简介

使用 Visual C++2010 可以开发两种不同的 C++应用程序：①本地 C++程序，即在本地计算机上执行的应用程序，其使用的是 ISO/ANSI 语言标准；②CLR 程序或C++/CLI 程序，是使用 C++/CLI 的 C++扩充版本编写的在 CLR 控制下运行的应用程序。

1. 实验要求

（1）了解集成开发环境（Integrated Development Environment）。

（2）熟悉程序的开发过程，能够运行一个完整的程序。

2. 控制台应用程序设计实例

像开发 Windows 应用程序一样，Visual C++ 2010 为我们提供可以编写、编译并测试没有任何 Windows 程序所需元素的 C++程序，即基本上基于字符命令行的应用程序。这些程序在 Visual C++ 2010 中被称为控制台应用程序。用户在字符模式中通过键盘和屏幕与它们进行通信。因此，控制台应用程序可以使读者将注意力集中在语言特点上，而不必考虑操作环境（因为该语言定义中没有图形功能）。在开发 MFC 应用程序（Microsoft Foundation Classes，微软基类）或者 CLR Windows Forms 应用程序时，这两类应用程序本身会提供大量的用户界面图形。

本章将用到两种不同的控制台应用程序：Win32 控制台应用程序是本地代码，使用该类程序可以测试 ISO/ANSI C++的功能；CLR 控制台应用程序是针对 CLR 的，因此，在学习 C++/CLI 功能时使用该类应用程序。

CLR 控制台应用程序是利用 C++语言开发的应用程序类型之一，因为不涉及 Windows 系统的组成元素，所以结构比较简单。下面介绍如何创建控制台应用程序。

【例 1-1】　创建一个 CLR 控制台应用程序，输出"Hello World！"

（1）创建项目：启动 Visual Studio. NET，选择"开始"→"程序"→"Microsoft Visual Studio 2010"→"♾ Microsoft Visual Studio 2010"菜单项。

通常，要编写一个 C++应用程序，首先应该创建一个项目。在起始页面的"项目"选项卡中单击"创建项目"按钮，或者选择"文件"→"新建"→"项目（P）…"菜单项打开新建项目对话框，如图 1.1 所示。

（2）选择 C++项目类型：在新建项目对话框的左侧项目类型选项组中选择 Visual C++。右侧为模板选项组，Visual Studio 为程序员提供了多种类型的模板，如 Windows 窗体应用程序、MFC 应用程序等。这里选择"CLR 控制台应用程序"选项，如图 1.2 所示。

图 1.1　用菜单创建项目

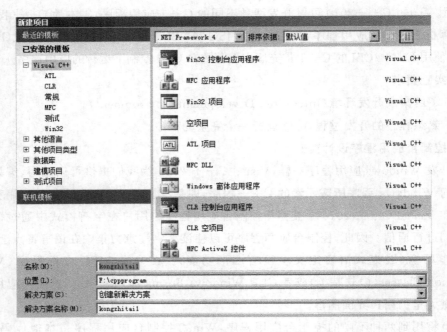

图 1.2　新建项目对话框

（3）项目名称：在图 1.2 所示的新建项目对话框的下方输入项目的名称、位置和解决方案名称。该项目名称为"kongzhitai1"。设置完成后，单击"确定"按钮，Visual Studio 将在指定的文件夹中创建解决方案文件，并在该文件夹下创建以项目名称命名的子文件夹，存储项目文件。

图 1.3　起始页窗口

（4）打开项目：创建项目"kongzhitai1"后，可在起始页上的"最近使用的项目"列表中看到该项目的名称，如图 1.3 所示。再次打开 Visual Studio 时，直接单击该链接即可打开此项目。或在起始页中单击打开项目，在打开项目对话框中的查找范围内选择项目所在目录，然后选中要打开的项目文件，如图 1.4 所示。

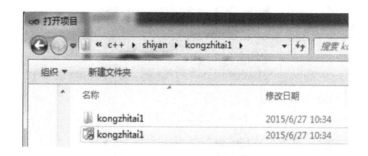

图 1.4　打开项目对话框

（5）代码编辑器：打开项目文件，进入代码编辑器窗口，如图 1.5 所示。

```
kongzhitai1.cpp  起始页

（全局范围）

  // kongzhitai1.cpp: 主项目文件。

  #include "stdafx.h"

  using namespace System;

  int main(array<System::String ^> ^args)
  {
      Console::WriteLine(L"Hello World");
      return 0;
  }
```

图 1.5　代码编辑器窗口

（6）编写代码：打开 Program.cpp 文件，系统自动添加如下代码：

```
// kongzhitai1.cpp:主项目文件
# include "stdafx.h"
using namespace System;
int main(array< System::String ^> ^args)
{
    Console::WriteLine(L"Hello World");
    Console::ReadLine();   //增加使结果在屏幕停留的代码
    return 0;
}
```

（7）保存项目

在"文件"菜单中，单击"全部保存"选项，或在工具栏中单击"保存"按钮。

（8）运行程序

选择"调试"→"开始执行（不调试）（H）"菜单项，如图 1.6 所示。

运行结果如图 1.7 所示。

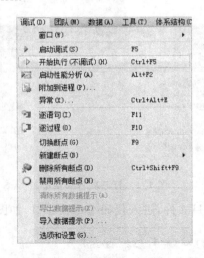

图 1.6　调试菜单界面

C:\WINDOWS\system32\cmd.exe
Hello World

图 1.7　运行结果界面

这里的函数名称是 main,有的名称是_tmain(如例 1-2 所示)。事实上,所有的 ISO/ANSI C++都是在 main()函数中开始执行的。当使用 Unicode 字符时,微软公司还提供了相应的 wmain 函数。而名称_tmain 被定义为 main 或 wmain,这取决于程序是否将使用 Unicode 字符。所有的 ISO/ANSI C++例子都使用 main()函数。

【例 1-2】　创建一个 Win32 控制台应用程序,输出"hello"

```
# include "stdafx.h"           //包含预编译头文件
# include "iostream"           //包含 C++ 的标准输入输出头文件 iostream
using std::cout;               //调用命名空间 std 中的 cout()函数
using std::endl;               //调用命名空间 std 中的 endl()函数
int _tmain(int argc, _TCHAR * argv[]) //主函数开始
{cout <<"hello"<< endl;} //输出 hello 并换行,endl 表示换行,<<表示输出流
```

include "stdafx.h"——包含预编译头文件。所谓预编译头,就是把头文件事先编译成一种二进制的中间格式,供后续的编译过程使用。编译入预编译头的.h、.c、.cpp 文件在整个编译过程中只编译一次,如果预编译头所涉及的部分不发生改变,那么在随后的编译过程中此部分不重新进行编译,进而大大提高了编译速度。

include "iostream"——包含 C++ 的标准输入输出头文件 iostream,也就是编译器先把头文件 iostream 中的所有内容复制到#include 的位置,再进行编译。注意 C++的这个标准输入输出头文件的名称就是 iostream,没有.h 的后缀。

using std::cout——相同的函数名可以存在于不同的命名空间中,而 std 命名空间中有许多常用的函数,如 cout()、cin()等。

主函数有两个形参：第一个参数"argc"表示程序运行时，命令行参数的个数，默认为1；第二个参数"＊argv[]"表示指向字符串数组的指针，每个字符串对应一个参数。_TCHAR是一种通用字符类型，它有可能是 char 型（ASCII 码），也有可能是 wchar_t 型（Unicode码），决定它是哪一种的关键是程序是否定义了 ♯define _UNICODE，若没有定义，_TCHAR就是 char 型，定义了之后就是 wchar_t 型。_TCHAR 有这种特性是因为微软制定的字符映射规则。关于这两个参数的更多解释见附录2。

【例1-3】 创建一个 Windows 窗体应用程序，输出"大家好，欢迎使用 C++"

（1）运行 Visual Studio 2010，创建一个 Windows 应用程序项目，在新建项目的模板中选中 Windows 窗体应用程序，在"名称"文本框中将项目改名为 exwin_01，在"位置"文本框中输入项目保存的目录位置，本例保存在本地硬盘的"F:\cppprogram"文件夹，选中"创建解决方案的目录"复选框，然后单击"确定"按钮，如图 1.8 所示。

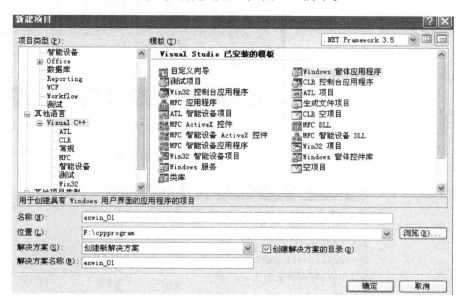

图 1.8 创建 Windows 窗体应用程序的新建项目界面

（2）在窗体设计器中选中窗体，然后单击鼠标右键，打开属性窗口（也可以在菜单中选择"视图"菜单下的属性窗口，从而打开属性窗口），如图 1.9 所示。在属性窗口中分别修改窗体的 Text 属性、Size 属性和 FormBorderStyle 属性。图 1.10 所示为修改窗体的 Text 属性值，观察修改后窗体显示的效果。

（3）从工具箱中拖放一个 Label 控件到设计窗体中，如图 1.11 所示。选中该控件，修改其 Text 属性为"大家好，欢迎使用 C++"，修改完毕后窗体如图 1.12 所示。

选择 Label1 对象，设置其 Font 属性为"隶书，5 号字，斜体"，ForeColor 属性为"红色"，修改 AutoSize 属性为"False"，拖动该控件右下角改变其大小，观察变化。

按"F5"键运行程序，运行界面如图 1.13 所示。可以看到，没有编写一句代码，就可以实现这样一个功能。

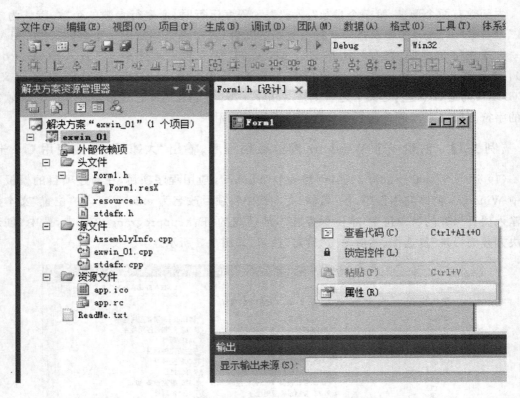

图 1.9　在窗体空白处单击鼠标右键打开属性窗口

图 1.10　修改窗体属性的值

图 1.11 从工具箱中拖放一个 Lable 控件到设计窗体中

图 1.12 修改 Label1 控件的属性值

图 1.13 例 1-3 的运行界面

【例 1-4】 使用断点调试的方法分析程序的功能

1.　#include "stdafx.h"
2.　#include <iostream>
3.　using namespace std;　　　　　　　　//表示释放命名空间 std 内的函数和变量

```
4.    int _tmain(int argc, _TCHAR * argv[])
5.    {
6.        int k,n = 0;
7.        cout <<"请输入一个数:";        //输出字符串"请输入一个数:"
8.        cin >> k;                       //从键盘上输入 k 的值
9.        while(k)
10.       {
11.           k = k/10;
12.           if(k)
13.               n = n + 1;
14.       }
15.       n = n + 1;
16.       cout << n; //输出 n 的值
17.       return 0;
18.   }
```

选择"工具"→"选项"菜单项,在弹出的对话框中展开文本编辑器,再选择 C/C++,勾选右侧的"行号"复选框,然后单击"确定"按钮,如图 1.14 所示。调出行号后,分别在程序的第 11 行和第 13 行左边灰色区域单击,从而设置 2 个断点,如图 1.15 所示。设置好断点后就可以开始调试程序了。

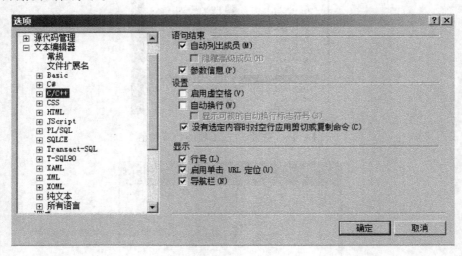

图 1.14 调出程序的行号

开始调试程序时,可以单击菜单栏上的"▶"快捷图标,也可以选择"调试"→"启动调试"菜单项,还可以直接按"F5"键。按"F5"键后,弹出如图 1.16 所示界面,在该界面任意输入一个整数,如"4321",然后按"Enter"键。这时程序停留在第 11 行(该行红色断点内出现一个向右的黄色箭头),并且在下方的自动窗口中显示了 k 的值为 4321,类型为 int,如图 1.17 所示。接着使用"调试"菜单中的子菜单项"逐语句"或"逐过程"进行调试(也可以通过快捷键"F11"或"F10"进行调试)。其中,"逐语句"调试是指在遇到函数调用语句的时候进入函数内部执行;"逐过程"调试是指在遇到函数调用语句时把函数当作一条语句执行。在这里

```
1  ⊟#include "stdafx.h"
2   |#include <iostream>
3    using namespace std; //表示释放命名空间std 内的函数和变量
4  ⊟int _tmain(int argc, _TCHAR* argv[])
5    {
6       int k,n=0;
7       cout<<"请输入一个数："; //输出字符串"请输入一个数："
8       cin>>k;              //从键盘上输入k的值
9       while(k)
10      {
11        k=k/10;
12        if(k)
13          n=n+1;
14      }
15      n=n+1;
16      cout<< n; //输出n的值
17      return 0;
18   }
```

图1.15 设置断点

按"F11"键,程序往下执行一行,如图1.18所示。需要注意的是,k 的值变为432,因为程序第11行对4321除以10并取整了。再次按"F11"键,因为 $k \neq 0$,所以if语句条件满足,执行第13行,从而 $n=1$。当再次按"F11"键时,程序回到第9行,重复上面的过程,直到while语句中条件为假,也即 $k=0$。每执行一次while循环,k 的位数就少一位,n 的值就增加1,所以本程序的目的是计算输入整数的位数。

```
c:\users\clock\documents\visual studio 2010\Projects\test01\Debug\test01.exe
请输入一个数：
```

图1.16 调试过程中输入中间变量的值

```
1  ⊟#include "stdafx.h"
2   |#include <iostream>
3    using namespace std; //表示释放命名空间std 内的函数和变量
4  ⊟int _tmain(int argc, _TCHAR* argv[])
5    {
6       int k,n=0;
7       cout<<"请输入一个数："; //输出字符串"请输入一个数："
8       cin>>k;              //从键盘上输入k的值
9       while(k)
10      {
11        k=k/10;
12        if(k)
13          n=n+1;
14      }
15      n=n+1;
16      cout<< n; //输出n的值
17      return 0;
18   }
100 %  ▼ ◀
```

自动窗口		
名称	值	类型
k	4321	int

图1.17 按"F5"键开始调试后程序执行到的行数及对应变量 k 的值

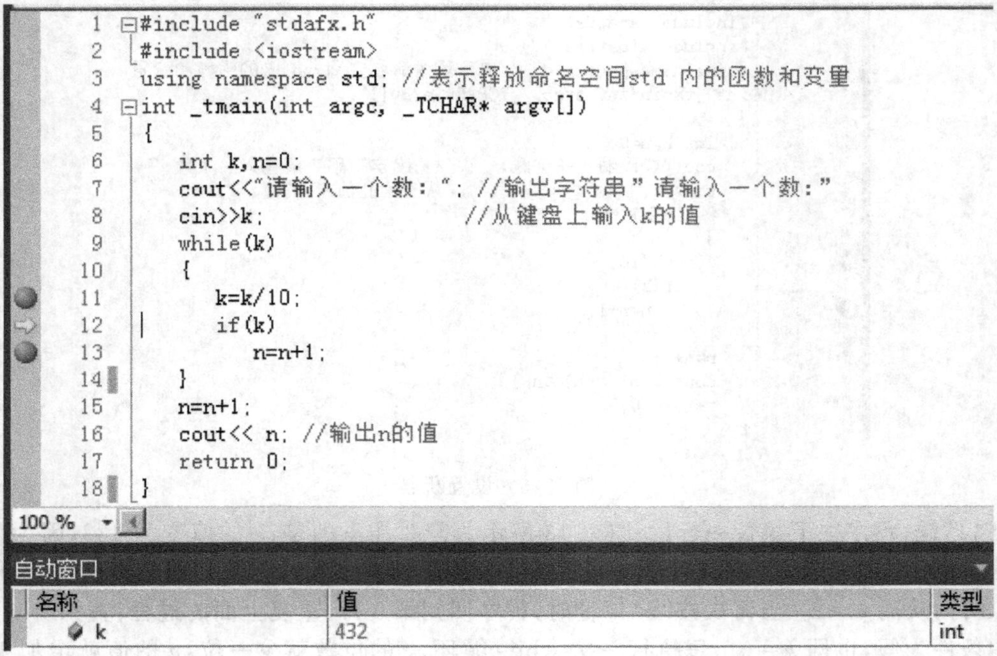

```
 1  #include "stdafx.h"
 2  #include <iostream>
 3  using namespace std; //表示释放命名空间std 内的函数和变量
 4  int _tmain(int argc, _TCHAR* argv[])
 5  {
 6      int k,n=0;
 7      cout<<"请输入一个数："; //输出字符串"请输入一个数："
 8      cin>>k;                 //从键盘上输入k的值
 9      while(k)
10      {
11          k=k/10;
12          if(k)
13              n=n+1;
14      }
15      n=n+1;
16      cout<< n; //输出n的值
17      return 0;
18  }
```

100 %

自动窗口		
名称	值	类型
k	432	int

图 1.18　按"F11"键后程序往下执行一行

3. C++项目和解决方案

项目是一组要编译到单个程序集(在某些情况下是单个模块)中的源文件和资源。例如,项目可以是类库或一个 Windows 应用程序。解决方案是构成某个软件包(应用程序)的所有项目集。

一个解决方案中可以有多个项目,但最多有一个项目是含有 main 方法的,而其他项目中可以有一些类、方法等的定义,是为其他项目服务的。例如,其中可能有一个用户界面,有某些定制控件和其他组件,它们都作为应用程序的库文件一起发布。不同的管理员甚至有不同的用户界面。每个应用程序的不同部分都包含在单独的程序集中,因此,在 Visual Studio. NET 看来,它们都是独立的项目。可以同时编写这些项目,使它们彼此连接起来。可以把它们当作一个单元来编辑。Visual Studio. NET 把所有的项目看作一个解决方案,把该解决方案当作可以读入的单元,并允许用户在其上工作。

4. 应用程序起始点

前面简单介绍了一个创建 Windows 窗体应用程序的实例。利用这个程序了解一下应用程序的起始点。

在"解决方案资源管理器"窗口中双击 exwin_01. cpp 节点,打开 exwin_01. cpp 文件。该文件是"exwin_01"应用程序的入口点,因为它包含了 main( )方法,内容如下。

// exwin_01.cpp：主项目文件

include "stdafx. h"

include "MainForm1. h"

using namespace exwin_01;

```
[STAThreadAttribute]
int main(array<System::String^> ^args)
{
    //在创建任何控件之前启用 Windows XP 可视化效果
    Application::EnableVisualStyles();
    Application::SetCompatibleTextRenderingDefault(false);
    //创建主窗口并运行它
    Application::Run(gcnew Form1());
    return 0;
}
```

对程序的进一步说明如下。

- 使用 using 关键字引用命名空间。
- 定义了 main 方法，该方法为应用程序的入口点，即应用程序运行后，调用的第一个方法。
- EnableVisualStyles( )方法用来启用可视化样式。
- SetCompatibleTextRenderingDefault(false)方法用来设置呈现格式。
- 调用 Run( )方法，运行 Form1 窗体。

第 2 章　数据类型和表达式

【例 2-1】　引用实例

引用相当于一个变量的别名,需要在变量定义的时候就初始化,引用不需要内存地址。函数在传参用得比较多的地方,用引用比用指针在概念上更清晰。

例如:

int a = 6;

int &b = a;

b = 5;

其实 a 也等于 5。

引用和指针变量的内存模型如图 2.1 所示。

图 2.1　引用和指针变量的内存模型

通常,可以按照"一食堂"这个名字找到学生吃饭的地方,也可以按照地址找到该地方。可以按照地址找到所需的内存空间。对象的地址用于指示对象的存储位置,称为对象的"指针"。

例如:

int　K = 267;

变量 K 的地址是 0x0012ff60,则 0x0012ff60 所指的存储单元就是 K,这个存储单元的内容是 267。

取址运算符是"&",用来得到一个对象的地址。"&"既可以声明一个引用变量,也可以表示取对象的地址。

指针访问运算符是"*",在地址之前是指针运算符;在变量说明语句中是指针类型符。因此,"*"既可以作为乘法运算符,又可以声明一个变量为指针类型,还可以表示取对象的值。

【例 2-2】　测试变量 K 的值、地址及 K 的地址所存储的内容

```
# include "stdafx. h"
# include < iostream >
using namespace std;
int _tmain(int argc, _TCHAR * argv[])
{
    int K = 267;
    cout << K << endl;//输出变量 K 的值,即 K 的内容
    cout <<(&K)<< endl;//输出变量 K 的地址
    cout << * (&K)<< endl;//输出变量 K 的地址所存的内容
    return 0;
}
```

运行结果如图 2.2 所示。

```
267
0012FF60
267
```

图 2.2　例 2-2 的运行结果

【例 2-3】　引用、指针实例

```
# include "stdafx. h"
# include < iostream >
using namespace std;
int _tmain(int argc, _TCHAR * argv[])
{
    int a = 2568;
    int * pt;
    int &aa = a;//声明 aa 为 a 的引用
    pt = &a;//将 a 的地址赋给 pt
    cout << a <<'\t '<< aa <<'\t '<< * pt << endl;
    cout <<(&a)<<'\t '<<(&aa)<<'\t '<< pt << endl;
    cout <<(&pt)<< endl; //输出指针 pt 的地址
    return 0;
}
```

运行结果如图 2.3 所示。

注:当一个指针变量没有指向任何内存单元时,可以赋值为 NULL,NULL 是 C++的一个预定义常量。如果一个指针变量仅仅声明而没有赋值,则它的值是不确定且无意义的。

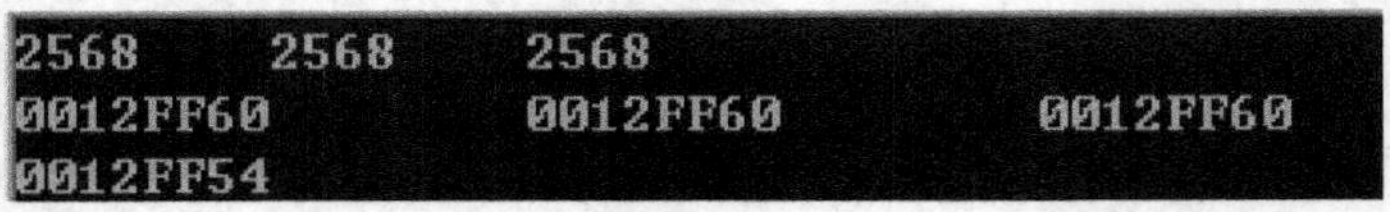
2568　2568　2568
0012FF60　0012FF60　0012FF60
0012FF54

图 2.3　例 2-3 的运行结果

【例 2-4】　局部、全局数组变量的认识

当把数组定义为全局变量或者静态变量时，编译器将所有数组元素设置为 0；当把数组定义为局部变量时，数组元素没有确定的初值，其值是随机的，直到遇到赋值语句才会有特定的值。本例中数组 *a* 为全局变量，*b* 为局部变量。输出它们的值看看有什么不同。

```
#include "stdafx.h"
#include "iostream"
using namespace std;
int a[6];
int _tmain(int argc, _TCHAR* argv[])
{
    for(int i=0;i<6;i++) cout<<a[i]<<'\t';
    cout<<'\n';
    int b[6];
    for(int i=0;i<6;i++) cout<<b[i]<<'\t';
    cout<<'\n';
    return 0;
}
```

其运行界面如图 2.4 所示。

C:\Windows\system32\cmd.exe
0　0　0　0　0　0
-858993460　-858993460　-858993460　-858993460　-858993460
-858993460
请按任意键继续. . .

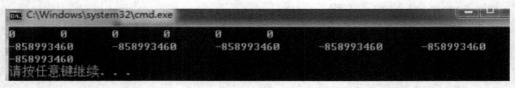

图 2.4　例 2-4 的运行界面

第 3 章　流程控制语句

【例 3-1】　输入一个整数,求该整数的位数

```
# include "stdafx. h"
# include < iostream >
using namespace std;
int _tmain(int argc, _TCHAR * argv[])
{
    int k,n = 0;
    cin >> k;
    while(k)
    {
        k = k/10;
        if(k)n = n + 1;
    }
    n = n + 1;
    cout << n;
    return 0;
}
```

运行界面如图 3.1 所示。

图 3.1　例 3-1 的运行界面

【例 3-2】　求 100 以内能同时被 3 和 7 整除的奇数

```
# include "stdafx. h"
# include < iostream >
using namespace std;
int _tmain(int argc, _TCHAR * argv[])
{
    int i;
```

```
for(i = 1;i < 100;i + = 2)
{    if(i % 21 = = 0)cout << i <<"   ";}
return 0;
}
```

运行界面如图 3.2 所示。

图 3.2 例 3-2 的运行界面

【例 3-3】 输入两个实数和四则运算符,输出运算结果

```cpp
# include "stdafx. h"
# include < iostream >
using namespace std;
int _tmain(int argc, _TCHAR * argv[])
{
    float n1,n2;
    char op;
    cout <<"输入表达式如(6/2):";
    cin >> n1 >> op >> n2;
    switch(op)
    {
    case '+':
        cout << n1 + n2;
        break;
    case '-':
        cout << n1 - n2;
        break;
    case '*':
        cout << n1 * n2;
        break;
    case '/':
        cout << n1/n2;
        break;
    }
    cout << endl;
    return 0;
}
```

运行界面如图 3.3 所示。

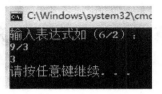

图 3.3 例 3-3 的运行界面

第4章 函　　数

【例 4-1】 将一个十进制数转换成任意进制数

```
//将一个十进制自然数 a 转换成任意进制的数 b(单向传值)
# include "stdafx. h"
# include < iostream >
using namespace std;
int atob(int a,int b)//带形参的函数
{
    int i,j,d[30];
    i = 0;j = 0;
    while(a)
    {
        d[ ++ j] = a % b;
        a/ = b;
    }
    int m = 0;
    for(i = j;i > 0;i -- )
        m = 10 * m + d[i];
    return m;
}
int _tmain(int argc, _TCHAR * argv[])
{
    int n1,n2;
    cout <<"输入自然数 a:\n";
    cin >> n1;
    cout <<"输入要转换的进制数 b:\n";
    cin >> n2;
    cout <<"输出转换后的数:\n";
    cout << atob(n1,n2)<< endl;
    cout <<"n1:"<< n1 << endl;
```

```
cout <<"n2:"<< n2 << endl;
return 0;
}
```

注:按值传递参数时,将建立参数值的副本,并将其传递给被调用的函数,修改副本并不改变原来变量的值(即实参的值)。

为深入理解本题,使用第 1 章介绍的断点调试的方法进行分析。如图 4.1 所示,设置 3 个断点。3 个断点分别设置在子函数内的 while 循环中、子函数的 for 循环中和主函数调用子函数的语句中。单击菜单栏上的"▶"快捷图标开始调试。程序首先进入主函数,然后打开一个窗口,要求"输入自然数 a:",在这个窗口输入 24,按"Enter"键,接着该窗口会出现"输入要转换的进制数 b:",输入 2,按"Enter"键,表示将 24 转换为二进制数。这时该弹出窗口自动最小化,回到调试界面,程序运行到第 27 行,开始调用子函数。按"F11"键逐行调试,程序跳到第 6 行,再按"F11"键,程序逐行往下执行,直到进入 while 循环内的第 11 行,调试界面如图 4.2 所示。这时变量 $a=24,b=2,j=0$,整型数组 $d[30]$ 还未赋值,其中 $d[0]=-858993460$,是一个随机值。可以单击自动窗口中 d 左边的"+"号,查看数组 d 的所有元素的值。

```
1  //将一个十进制自然数a转换成任意进制的数b（单向传值）
2  #include "stdafx.h"
3  #include <iostream>
4  using namespace std;
5  int atob(int a,int b)//带形参的函数
6  {
7      int i,j,d[30];
8      i=0;j=0;
9      while(a)
10     {
11         d[++j]=a%b;
12         a/=b;
13     }
14     int m=0;
15     for(i=j;i>0;i--)
16         m=10*m+d[i];
17     return m;
18 }
19 int _tmain(int argc, _TCHAR* argv[])
20 {
21     int n1,n2;
22     cout<<"输入自然数a:\n";
23     cin>>n1;
24     cout<<"输入要转换的进制数b: \n";
25     cin>>n2;
26     cout<<"输出转换后的数: \n";
27     cout<< atob(n1,n2)<<endl;
28     cout<<"n1:"<<n1<<endl;
29     cout<<"n2:"<<n2<<endl;
30     return 0;
31 }
```

图 4.1　设置断点

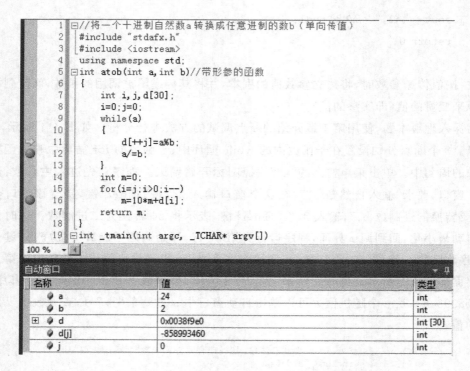

```
1    //将一个十进制自然数a转换成任意进制的数b（单向传值）
2    #include "stdafx.h"
3    #include <iostream>
4    using namespace std;
5    int atob(int a,int b)//带形参的函数
6    {
7        int i,j,d[30];
8        i=0;j=0;
9        while(a)
10       {
11           d[++j]=a%b;
12           a/=b;
13       }
14       int m=0;
15       for(i=j;i>0;i--)
16           m=10*m+d[i];
17       return m;
18   }
19   int _tmain(int argc, _TCHAR* argv[])
```

100 %

自动窗口

名称	值	类型
a	24	int
b	2	int
⊞　d	0x0038f9e0	int [30]
d[j]	-858993460	int
j	0	int

图 4.2　初次进入子函数 while 循环时各个变量的值

继续按"F11"键[①],发现此时程序运行到第 12 行,自动窗口显示的变量的值有所改变,其中 $j=1,d[j]=0$,如图 4.3 所示;再按"F11"键,程序进入第 13 行,自动窗口显示变量 $a=12,b=2$。为什么变量 $a=12$? 分析程序发现,此时 while 已执行一遍,在程序第 12 行已经对 a 进行了调整,"a/=b;",运算后 $a=12$,由 while(a),而 $a\neq0$,所以 while 循环继续。第 2~5 次 while 循环执行时 a 的变化为 $a=12(j=2),a=6(j=3),a=3(j=4),a=1(j=5)$,当第 6 次运行到 while$(a)$语句时,$a=0$,所以 while 循环终止。每次执行 while 循环,j 的值都加 1,括号中显示了对于每个 a 的值,j 的对应值。这些变化可以从调试时下方的自动窗口中看到。

自动窗口

名称	值	类型
a	24	int
b	2	int
⊞　d	0x003afd80	int [30]
d[j]	0	int
j	1	int

图 4.3　继续按"F11"键时各变量的变化

继续按"F11"键,程序进入 for 循环,当运行到断点处(第 16 行)时,各变量值如图 4.4 所示,此时 $i=5,d[5]=1$(表示二进制数的第 5 位数为 1),$j=5,m=0$。继续按"F11"键,程序运行到第 17 行,此时 $m=1$,具体运算过程为:$1=10*0+d[5]=0+1$。继续按"F11"键,

---

①　如果按"F11"键后,程序进入系统内部库函数,那么按"Shift+F11"组合键退出该函数。

for语句第 2 次循环，再次运行到第 16 行时，$i=4$，$d[i]=1$，$j=5$，$m=1$。依此类推，各次循环时对应的各变量值如表 4.1 所示。从该表可以看出，$d[i]$表示二进制数第 i 位的值，$i=4$，$d[4]=1$，表示二进制第 5 位数为 1；m 的值 11000 就是 24 的二进制表示；j 表示 24 对应的二进制总位数。

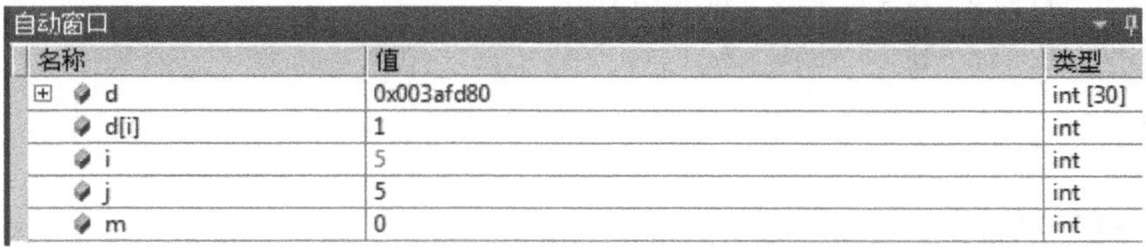
自动窗口
名称
值
类型
d
0x003afd80
int [30]
d[i]
1
int
i
5
int
j
5
int
m
0
int

图 4.4 首次进入 for 循环中断点时各变量的值

表 4.1 for 循环时各变量对应的值

循环次数	i	$d[i]$	j	m
1	5	1	5	10 * 0+1=1
2	4	1	5	10 * 1+1=11
3	3	0	5	10 * 11+0=110
4	2	0	5	10 * 110+0=1100
5	1	0	5	10 * 1100+0=11000

为什么定义数组 $d[]$时，使用 $d[30]$，即为什么数组大小为 30？从以上分析可知，变量 j 表示二进制位数，而 $d[j]=1$ 表示二进制数的第 j 位数为 1。定义数组大小为 30($j=30$)意味着，二进制最大位数为 30。以二进制为例，$2^{30}=1\,073\,741\,824$，这个数很大。理论上，如果输入一个比该数更大的数，则程序无法得到该数的位数。实际上，该程序能转换为二进制的数的最大值为 1 023，因为 1 023 对应的二进制为 1111111111(也即变量 m 最大的值)，1 024 对应的二进制数为 10000000000，该值已超出 int 型数据的范围。

本例的运行结果如图 4.5 所示。

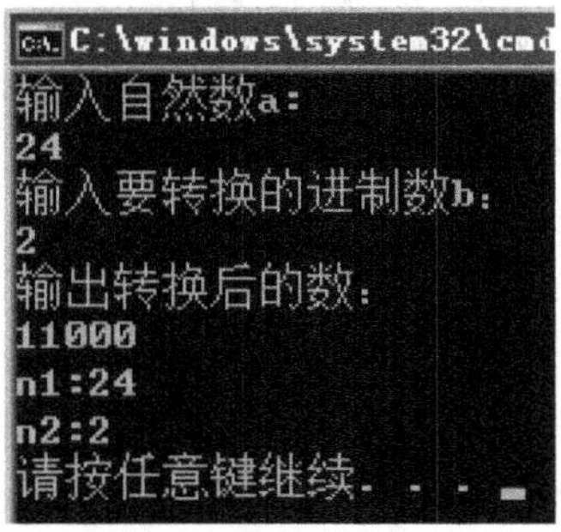
C:\windows\system32\cmd
输入自然数a:
24
输入要转换的进制数b:
2
输出转换后的数:
11000
n1:24
n2:2
请按任意键继续. . .

图 4.5 例 4-1 的运行结果

【例 4-2】 将引用作为函数参数，求数组的最大值和最小值

```
void fun (int b[],int m,int &max,int &min)
```

```
{
    max = min = b[0];
    for(int i = 1;i < m;i ++ )
    {
        if(max < b[i]) max = b[i];
        if(min > b[i]) min = b[i];
    }
}
int _tmain(int argc, _TCHAR * argv[])
{
    int aa[10] = {2,6,4,5,9,7,8,12,87,0};
    int ma,mi;
    int k = sizeof(aa)/sizeof(int);
    cout << k << endl;
    fun(aa,k,ma,mi);
    cout <<"max:"<< ma << endl;
    cout <<"min:"<< mi << endl;
    return 0;
}
```

本例中函数 fun 有两个引用型参数 max 和 min,用于将形参的值回传给实参。在函数定义或者函数声明中的形参数据类型后面加上符号"&"即可通过形参的改变影响实参。本例的运行结果如图 4.6 所示。

图 4.6　例 4-2 的运行结果

若在函数定义时将形参类型说明成指针或数组名,要调用这样的函数相应的实参就必须是地址值形式的实参,如指针、变量的地址、数组名等,在本例中的参数"int b[]"就地址传递的形参。而本例中的形参 m 就是值传递类型的参数。

【例 4-3】　输出两个数(函数的默认参数值)

```
# include "stdafx.h"
# include < iostream >
using namespace std;
void   f(int a,int b = 100)//带形参的函数
{
    cout <<"a = "<< a << endl;
    cout <<"b = "<< b << endl;
```

```
}
int _tmain(int argc, _TCHAR * argv[])
{
    int n1,n2;
    cout <<"输入数 n1:\n";
    cin >> n1;
    cout <<"输入数 n2:\n";
    cin >> n2;
    cout <<"没有使用默认值的函数调用\n";
    f(n1,n2);
    cout <<"使用默认值的函数调用\n";
    f(n2);
    return 0;
}
```

运行结果如图 4.7 所示。

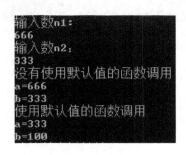

图 4.7　例 4-3 的运行结果

【例 4-4】　函数模板与函数重载

使用函数重载和函数模板设计整型或浮点型加法器,比较两者的不同。

(1) 使用函数重载

```
# include "stdafx. h"
# include < iostream >
using namespace std;
int Add(int a,int b,int c)          //三个整型变量的形参
{  return(a + b + c);  }
int Add(int a,int b)                //两个整型变量的形参
{  return(a + b);      }
float Add(float a,float b,float c)  //三个浮点型变量的形参
{return(a + b + c);    }
float Add(float a,float b)          //两个浮点型变量的形参
{  return(a + b);      }
```

```
int main()
{   int    a = 3,b = 1,c = 4;
    float  d = 3.1, e = 6.2, f = 4.9;
    long   g = 69242;
    long   h = - 13, i = 78241;
    cout << Add(a,b)<< endl;
    cout << Add(d,e,f)<< endl;
    cout << Add(g,h,i)<< endl;
    return 0;
}
```

运行结果如图 4.8 所示。

图 4.8　使用函数重载的加法器

（2）使用函数模板

```
# include "stdafx.h"
# include < iostream >
using namespace std;
template < class T >          //函数模板定义
T Add(T * list,int length)     // 定义返回值类型为 T 的 Add 函数
{
    T temp = list[length - 1]; //初始化 temp 的值
    for(int i = length - 2;i > = 0;i - - )
    {   temp + = list[i];  }
    return temp;
}
int main()
{
    int list1[] = {1,2,3};
    float list2[] = {3.1,2.6};
    cout << Add (list1,3)<< endl; //实参整型数组
    cout << Add(list2,2)<< endl; //实参浮点型数组
}
```

运行结果如图 4.9 所示。

　　从上面的设计方案来看,函数模板适合用于函数形参类型不同,但个数相同,且函数体

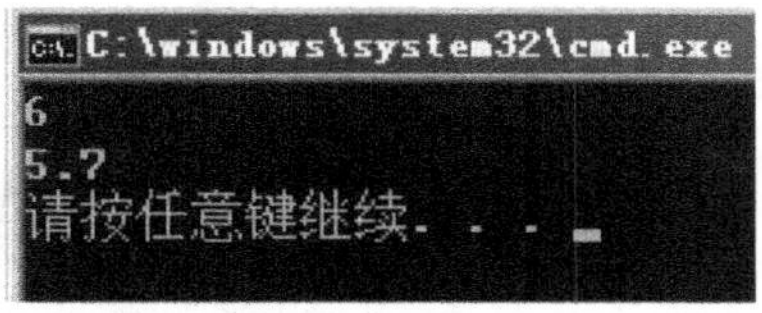

图 4.9 使用函数模板的加法器

相同的情形;而函数重载适合用于函数形参数量或类型不同的情形。针对本例,使用函数模板更简单,因为只需定义一个函数就可以完成两个数或三个数的整数或浮点数的加法。

【例 4-5】 求一个数的绝对值(函数的重载)

```
＃include "stdafx. h"
＃include < iostream >
using namespace std;
int  jueduizhi(int a)
{  return a > 0 ? a : - a;}
double  jueduizhi(double a)
{  return a > 0 ? a: - a;}
int _tmain(int argc, _TCHAR * argv[])
{
    cout <<" - 12 的绝对值是:"<< jueduizhi( - 12)<< endl;
    cout <<" - 12.5 的绝对值是:"<< jueduizhi( - 12.5)<< endl;
    return 0;
}
```

本例根据实参的不同数据类型在调用子程序的时候分别调用整型参数的 jueduizhi 函数和双精度类型参数的 jueduizhi 函数,运行结果如图 4.10 所示。

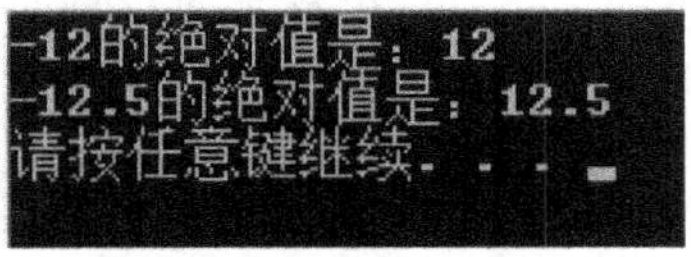

图 4.10 例 4-5 的运行结果

第 5 章　面向对象编程基础

【例 5-1】　编写一个 Win32 控制台应用程序(关于类、构造函数、重载)

```cpp
// leichongzai1.cpp :定义控制台应用程序的入口点
# include "stdafx.h"
# include < iostream >
using std::cout;
using std::endl;
class aaa
{
public:
    int x;
    int y;
    aaa()                       //无参构造函数
    {    x = 0;y = 0;}
    aaa(int a,int b)            //构造函数的重载,此时带有两个形参
    {    x = a;y = b;}
    void output()               //无参成员函数
    {cout << x << endl << y << endl;}
    void output(int x,int y)    //成员函数的重载,带有两个参数
    {
        this -> x = y;          //this指针永远指向当前对象,此句等效于 x = y
        this -> y = x;
        cout << this -> x << endl << this -> y << endl;
    }
};
int _tmain(int argc, _TCHAR * argv[])
{
    aaa t1;           //建立 aaa 类的对象 t1,这时会调用无参构造函数进行初始化
    t1.output();
    aaa t2(6,7);      // 建立对象 t2,这时会调用有参构造函数进行初始化
    t2.output();
    t2.output(7,8); //调用 t2 对象的 output()函数,并传递实参 7 和 8
```

```
        aaa t1(3,3);
    return 0;
    }
```

注：该程序考查构造函数初始化、构造函数重载和成员函数重载的知识点。需要注意的是，主函数中的语句"//aaa t1(3,3);"试图对 t1 对象再次初始化，这样做会出错，因为 t1 重定义了，所以不可以多次初始化对象 t1。运行结果如图 5.1 所示。

图 5.1 例 5-1 的运行结果

【例 5-2】 静态成员、静态函数

```cpp
#include "stdafx.h"
#include <iostream>
using std::cout;
using std::endl;
class student
{
public:
    void age(int i)
    {
        nianling = i;
        cout << nianling << endl;
    }
    static void init()                  //静态函数
    {
        x = 0;y = 0;
        cout << x << endl << y << endl;
    }
    int nianling;
private:
    static int x,y;
};
int student::x = 0;                      //在类的外面给静态成员变量初始化
```

```
int student::y = 0;
int _tmain(int argc, _TCHAR * argv[])
{
    student st;
    st.age(18);
    st.init();                    //该句可以用对象调用静态方法
    //st.x = 17 对象可以调用静态成员变量,但 x 是私有成员变量,不能在类外调用
    //  st.y = 79; 同理,y 也不能在类外调用
    student::init();
    //student::age(15);实例成员不能用类来调用,只能用对象来调用
    return 0;
}
```

运行结果如图 5.2 所示。

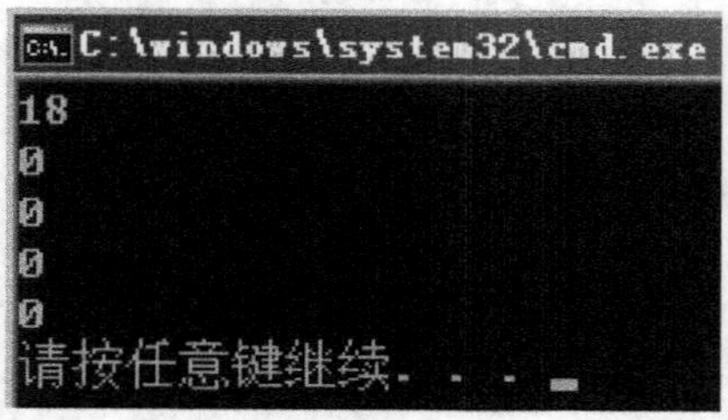

图 5.2 例 5-2 的运行结果

【例 5-3】 求三个数中的最大数(函数内联)

```
# include "stdafx.h"
# include < iostream >
using namespace std;
inline int max(int x, int y, int z)
{
    if(x > y) y = x;
    if(z > y) y = z;
    return y;
}
int _tmain(int argc, _TCHAR * argv[])
{
    int i, j, k, m;
    cout <<"please input three numbers"<< endl;
    cin >> i >> j >> k;
    m = max(i, j, k);
    cout <<"the max number is:"<< m << endl;
```

```
    return 0；
}
```

运行结果如图5.3所示。

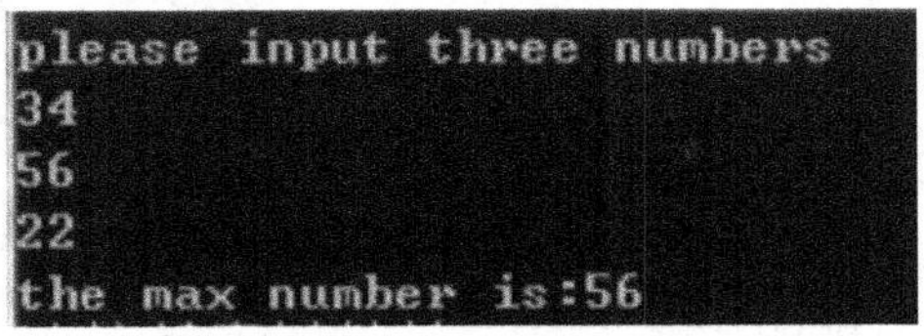

图 5.3　例 5-3 的运行结果

从源代码层看,内联函数有函数的结构,而在编译后,却不具备函数的性质。内联函数不是在调用时发生控制转移,而是在编译时将函数体嵌入每一个调用处。编译时,类似宏替换,使用函数体替换调用处的函数名。一般在代码中用 inline 修饰,但是能否形成内联函数,需要看编译器对该函数定义的具体处理。

【例 5-4】　友元函数

该例不是一个完整的程序(无法直接运行并看结果),仅用来说明友元函数的作用。建议读者尝试将该程序改写成可以运行的完整程序。A 类中的 Func1 是 B 类的友元函数,因此该函数可以访问 B 类的私有成员。但 A 类中的 Func2 不是 B 类的友元函数,该函数不能访问 B 类的私有成员。

```
class B；
class A {
public：
    int Func1( B b )；
    int Func2( B b )；
};
class B {
private：
    int bb；
    friend int A：:Func1( B b )；
};
int A：:Func1( B b ) { return b.bb; }        // OK
int A：:Func2( B b ) { return b.bb; }        //it is wrong
```

【例 5-5】　友元类

在 MyClass 类中声明 OtherClass 为其友元类,在 OtherClass 类中可以访问 MyClass 的所有成员,包括私有的和受保护的成员。需要注意的是,尽管 OtherClass 是 MyClass 类的友元类,但这并不意味着 MyClass 是 OtherClass 类的友元类,换言之,类 MyClass 中的成员无法访问 OtherClass 类中的私有和保护成员。友元类与友元函数一样,不具备对称性。

```
#include "stdafx.h"
#include <iostream>
using namespace std;
class MyClass {
//在 MyClass 类中声明 OtherClass 为其友元类,该友元类可以访问 MyClass 中的所有成员
friend class OtherClass;
public:
    MyClass():aa(0),bb(0){}
    void printMember() { cout <<"aa:"<< aa << endl; cout <<"bb:"<< bb << endl;}
private:
    int aa;
public:
    int bb;
};
class OtherClass {
public:
    void change(MyClass mc, int x)
    {//在 OtherClass 类中的 change 函数可以访问 MyClass 类中的所有成员,包括私
     //有成员
        mc.aa = x;
        mc.bb = 32;
        mc.printMember();
    }
};
int main() {
    MyClass ccc;
    OtherClass occc;
    ccc.printMember();
    occc.change(ccc, 5);
    //occc.printMember();该语句错误
}
```

运行结果如图 5.4 所示。

图 5.4 例 5-5 的运行结果

第 6 章　面向对象编程进阶

【例 6-1】　父类仅包含公有成员时的类继承

在父类中定义了公有的函数(方法),在子类中继承了这些函数。

```cpp
// leijicheng1.cpp : 定义控制台应用程序的入口点
# include "stdafx.h"
# include < iostream >
using std::cout;
using std::endl;
class fulei
{public:
    void chi()
    {cout <<"吃方法"<< endl;}
    void he()
    {cout <<"喝方法"<< endl;}
    void shui()
    {cout <<"睡方法"<< endl;}
};
class zilei:public fulei //公有继承
{
};
int _tmain(int argc, _TCHAR * argv[])
{
    fulei t1;
    t1.chi();
    t1.he();
    t1.shui();
    zilei t2;
    t2.chi();
    t2.he();
    t2.shui();
    return 0;
}
```

【例 6-2】 父类包含公有、保护和私有成员时的类继承

在父类中定义了公有、受保护、私有的函数(方法),子类公有继承父类后可以调用父类的公有和受保护的函数。

```cpp
# include "stdafx.h"
# include < iostream >
using std::cout;
using std::endl;
class fulei
{
public:
    void chi()
    {cout <<"吃方法"<< endl;}
protected:
    void he()
    {cout <<"喝方法"<< endl;}
private:
    void shui()
    {cout <<"睡方法"<< endl;}
};
class zilei:public fulei
{
public:
    void diaoyong()
    {
        chi();
        he();
        //shui();//因为在父类中该方法是私有的,在子类中是不能访问的
    }
};
int _tmain(int argc, _TCHAR * argv[])
{
    fulei t1;
    t1.chi();
    //t1.he();在类的外面,不可以通过某类的对象调用该类的受保护的方法
    //t1.shui();在类的外面,不可以通过某类的对象调用该类的私有的方法
    zilei t2;
    t2.diaoyong();
    return 0;
}
```

【例6-3】 类继承中构造、析构函数的调用顺序

```
#include "stdafx.h"
#include <iostream>
using std::cout;
using std::endl;
class fulei
{
public:
    fulei()
    {cout <<"fulei 的构造函数"<< endl;}
    ~fulei()
        {cout <<"fulei 的析构函数"<< endl;}
    void chi()
    {cout <<"吃方法"<< endl;}
protected:
    void he()
    {cout <<"喝方法"<< endl;}
private:
    void shui()
    {cout <<"睡方法"<< endl;}
};

class zilei:public fulei
{
public:
    zilei()
    {cout <<"zilei 的构造函数"<< endl;}
    ~zilei()
    {cout <<"zilei 的析构函数"<< endl;}
    void diaoyong()
    {
        chi();
        he();
        //shui();因为在父类中该方法是私有的,在子类中是不能访问的
    }
};
int _tmain(int argc, _TCHAR * argv[])
{
```

```
    fulei t1;
    t1.chi();
    //t1.he();在类的外面同时又不是类的子类,不可以调用某类的受保护的方法
    //t1.shui();在类的外面,不可以调用某类的私有的方法
    zilei t2;
    t2.diaoyong();
    return 0;
}
```

注:每次建立子类对象时都会先调用父类的构造函数,再调用子类的构造函数。程序结束,释放对象时,先调用子类的析构函数,再调用父类的析构函数。运行结果如图 6.1 所示。

图 6.1 例 6-3 的运行结果

【例 6-4】 类继承中构造函数的参数传递

```
# include "stdafx.h"
# include < iostream >
using std::cout;
using std::endl;
class fulei
{
public:
    fulei(int aa)
    {cout <<"fulei 的构造函数参数为"<< aa << endl;}
    ~fulei()
        {cout <<"fulei 的析构函数"<< endl;}
    void chi()
    {cout <<"吃方法"<< endl;}
protected:
    void he()
    {cout <<"喝方法"<< endl;}
```

```
private:
    void shui()
    {cout <<"睡方法"<< endl;}
};
class zilei:public fulei
{
public:
    zilei():fulei(30)
    {cout <<"zilei 的构造函数"<< endl;}
    ~zilei()
    {cout <<"zilei 的析构函数"<< endl;}
    void diaoyong()
    {
        chi();
        he();
        //shui();因为在父类中该方法是私有的,在子类中是不能访问的
    }

};
int _tmain(int argc, _TCHAR * argv[])
{
    fulei t1(60);
    t1.chi();
    //t1.he();在类的外面同时又不是类的子类,不可以调用某类的受保护的方法
    //t1.shui();在类的外面,不可以调用某类的私有的方法
    zilei t2;
    t2.diaoyong();
    return 0;
}
```

注:程序运行时先进入主函数的 fulei t1(60)语句,调用父类构造函数,将 60 传递给 aa,之后执行父类构造函数体中的内容,即输出 aa 的值。然后回到主函数执行 t1. chi()语句,输出"吃方法",接着建立子类对象 t2,进入子类构造函数——"zilei():fulei(30)",由于需要先调用父类构造函数,因此跳到父类构造函数并传递 30 给 aa,再执行父类构造函数体中的内容输出"fulei 的构造函数参数为 30",进入子类构造函数,输出"zilei 的构造函数",做完这些后回到主函数。继续执行"t2.diaoyong();"语句,调用 chi()和 he(),分别输出"吃方法"和"喝方法"。接着调用子类的析构函数,再调用父类的析构函数释放子类对象所占用的资源。最后调用父类的析构函数,释放父类对象。运行结果如图 6.2 所示。

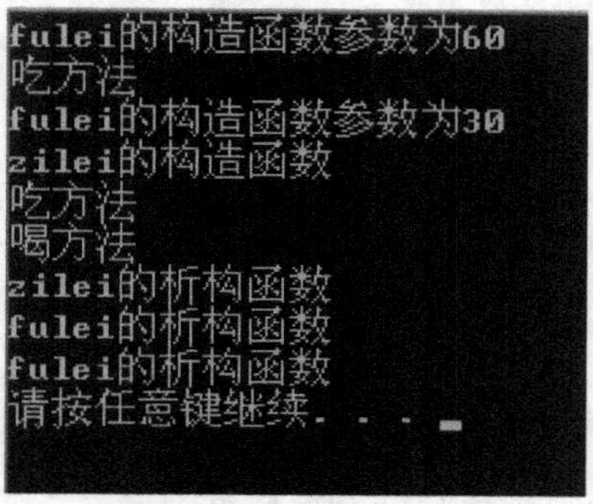

图 6.2　例 6-4 的运行结果

【例 6-5】　继承的重复问题

```cpp
#include "stdafx.h"
#include <iostream>
using namespace std;
class baseA
{
    public:
        int x;
        baseA(int a){x = a;}
};
class baseB:public baseA
{
public:
    int y;
    baseB(int a,int b):baseA(b){y = a;}
};
class baseC:public baseA
{
public:
    int z;
    baseC(int a,int b):baseA(b){z = a;}
};
class D:public baseB,public baseC
{
public:
    int m;
    D(int a,int b,int c,int d,int e):baseB(a,b),baseC(c,d){m = e;}
```

```
    void print()
    {
        cout <<"baseB::x = "<< baseB::x <<" "<<"baseB::y = "<< y << endl;
        cout <<"baseC::x = "<< baseC::x <<" "<<"baseC::z = "<< z << endl;
        cout <<"D::m = "<< D::m << endl;
    }
};
int _tmain(int argc, _TCHAR * argv[])
{
    D aaa(3,2,6,8,9);
    aaa.print();
    return 0;
}
```

运行结果如图6.3所示。

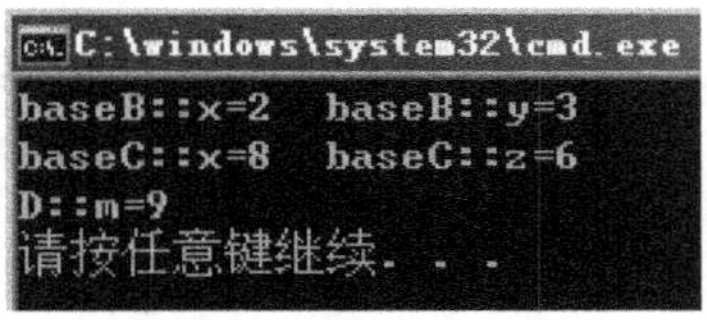

图6.3　例6-5的运行结果

注：该例 baseA 中的成员会在类 D 中重复出现，如何进行区分呢？一种方法是使用作用域，如从 baseC 类中继承下来的 baseC::x、从 baseB 中继承下来的 baseB::x；另一种方法是将直接基类的共同基类设置为虚基类。

【例 6-6】　虚基类

```
# include "stdafx.h"
# include < iostream >
using namespace std;
class baseA
{
    public:
        int x;
        baseA(int a = 0){x = a;}
};
class baseB:public virtual baseA
{
public:
    int y;
```

```
        baseB(int a,int b):baseA(b){y = a;}
};
class baseC:public virtual baseA
{
public:
    int z;
    baseC(int a,int b):baseA(b){z = a;}
};
class D:public baseB,public baseC
{
public:
    int m;
    D(int a,int b,int c,int d,int e):baseB(a,b),baseC(c,d){m = e;}
    void print()
    {
        cout <<"baseB::x = "<< baseB::x <<" "<<"baseB::y = "<< y << endl;
        cout <<"baseC::x = "<< baseC::x <<" "<<"baseC::z = "<< z << endl;
        cout <<"D::m = "<< D::m << endl;
    }
};
int _tmain(int argc, _TCHAR * argv[])
{
    D aaa(3,2,6,8,9);
    aaa.print();
    aaa.x = 99;
    aaa.print();
    return 0;
}
```

运行结果如图 6.4 所示。

图 6.4　例 6-6 的运行结果

虚基类用于某类从多个类继承,这多个基类有共同基类时,这个最上层基类的成员会多次在最终派生类出现而产生二义性,为避免二义性,使在最终派生类中,最上层的基类成员只有一份,这时需要虚拟继承,该最上层类就是虚基类。需要注意的是,该类在第一层派生时就要虚拟继承才行,使用方法是在继承方式前加上一个 virtual。

baseB 和 baseC 是由共同的基类 baseA 派生而来的,但由于引入了虚基类,这时的数据成员 x 只存在一份数据,因此 baseB::x 和 baseC::x 的数据是一样的。

如果派生类有一个虚基类作为其他类的祖先,则需要在派生类构造函数的初始化列表中列出对虚基类构造函数的调用,如果未列出,则表明虚基类的构造函数为无参构造函数。

【例 6-7】　虚基类的调用顺序和参数传递

```cpp
# include "stdafx.h"
# include < iostream >
using namespace std;
class Base
{public:
    Base(int i) { cout << i; }
    ~Base () { }
};
class Base1: virtual public Base
{ public:
    Base1(int i, int j = 0) : Base(j)
    { cout << i; }
    ~Base1() {}
};
class Base2: virtual public Base
{
public:
        Base2(int i, int j = 0) : Base(j) { cout << i; }
        ~Base2() {}
};
class Derived: public Base2, public Base1
{
public:
    Derived(int a, int b, int c, int d) : mem1(a), mem2(b), Base1(c), Base2(d), Base(a)
    { cout << b; }
private:
            Base2 mem2;
            Base1 mem1;
};
    void main()
    { Derived objD (1, 2, 3, 4); }
```

结果为 14302012。

具体分析如下。

(1) 建立 Derived 类对象 objD(1，2，3，4)，首先调用构造函数"Derived(int a，int b，int c，int d)：mem1(a)，mem2(b)，Base1(c)，Base2(d)，Base(a) { cout << b; }"。

(2) 在构造函数 Derived 中先调用虚基类 Base 的构造函数，即 Base(a)，将 a 的值 1 传给 i，"(Base(int i) { cout << i; }"输出 i 值为 1。

(3) 根据声明顺序(class Derived：public Base2，public Base1)Base2 在前，接着调用 Base2(d)，将 d 的值传给 i，"Base2(int i，int j=0)：Base(j) { cout << i; }"输出 i 值为 4，因为 Base 为虚基类，只有最远端派生类构造函数 Derived 才能调用虚基类的构造函数，该派生类的其他基类对虚基类构造函数的调用被忽略，所以系统不会执行：Base(j)。

(4) 调用 Base1(c)，将 c 的值传给 i，"Base1(int i，int j=0)：Base(j) { cout << i; }"，输出 i 值为 3，同理系统不做：Base(j)。

(5) 根据对象成员声明顺序(Base2 mem2；Base1 mem1;)先执行 mem2(b)，即调用构造函数"Base2(int i，int j=0)：Base(j) { cout << i; }"，在 Base2 构造函数中需要先调用 Base 构造函数，把 j=0 传给 i，"Base(int i) { cout << i; }"输出 i 值为 0，再将 b=2 的值传给构造函数 Base2 中的 i，输出 i 值为 2。

(6) 接着执行 mem1(a)，同 mem2(b)，调用 Base1 构造函数时先调用 Base 构造函数，输出 i 值为 0，再将 a=1 的值传给构造函数 Base1 中的 i，输出 i 值为 1。

(7) 执行构造函数 Derived 中的"{ cout << b; }"，输出 b 值为 2。

派生类构造函数调用的次序如下。

(1) 先调用基类的构造函数，多个基类则按照派生类声明时列出的次序从左到右调用，而不是按照初始化列表中的次序调用。

(2) 再次调用对象成员的构造函数，按类声明中对象成员出现的次序调用，而不是按照初始化列表中的次序调用。

(3) 最后执行派生类的构造函数。

【例 6-8】 虚函数

基类 student 定义了两个虚函数，在派生类中重定义这两个虚函数。函数 shoufei (student &x)中的形参为引用型基类的参数，在函数的调用过程中实参 a2 是派生类的对象。调用 shoufei(a2)函数就是调用派生类中的 input()函数和 disp()函数。

```
# include "stdafx.h"
# include < iostream >
using namespace std;
class student
{
protected:
    int no;
    char name[10];
    int xuefei,zhusufei,shubaofei,qita,zongfeiyong;
```

```cpp
public：
    virtual void input()
    {
        cout <<"学号：";
        cin >> no；
        cout <<"姓名：";
        cin >> name；
        xuefei = 78000；
        zhusufei = 2470；
        shubaofei = 1000；
        qita = 3000；
        zongfeiyong = xuefei + zhusufei + shubaofei + qita；
    }
    virtual void disp()
    {
        cout <<"学费："<< xuefei << endl；
        cout <<"住宿费："<< zhusufei << endl；
        cout <<"书报费："<< shubaofei << endl；
        cout <<"其他："<< qita << endl；
        cout <<"总费用："<< zongfeiyong << endl；
    }
};
class graduate：public student
{
    void input()
    {
        cout <<"学号：";
        cin >> no；
        cout <<"姓名：";
        cin >> name；
        xuefei = 120000；
        zhusufei = 2470；
        shubaofei = 2000；
        zongfeiyong = xuefei + zhusufei + shubaofei；
    }
    void disp()
    {
        cout <<"学费："<< xuefei << endl；
        cout <<"住宿费："<< zhusufei << endl；
```

```
            cout <<"书报费:"<< shubaofei << endl;
            cout <<"总费用"<< zongfeiyong << endl;
        }
};
void shoufei(student &x)
{
    x.input();
    x.disp();
}
int _tmain(int argc, _TCHAR * argv[])
{
    student a1;
    graduate a2;
    cout <<"大学生收费:"<< endl;
    shoufei(a1);
    cout << endl;
    cout <<"研究生收费:"<< endl;
    shoufei(a2);
    return 0;
}
```

运行结果如图 6.5 所示。

图 6.5　例 6-8 的运行结果

　　在编译阶段决定执行哪个同名的被调用函数,称为静态绑定;在编译阶段不能决定执行哪个同名的被调用函数,而只在执行阶段才能依据要处理的对象类型来决定执行哪个类的成员函数,称为动态绑定。

第7章 MFC编程

【例7-1】 菜单实例一

（1）创建一个单文档的 MFC 应用程序 menu1，双击"资源视图"页面中 Menu 下的 IDR_MAINFRAME（ 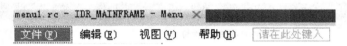 ），打开菜单资源编辑器，在"帮助"菜单的后面有"请在此处键入"的提示信息，如图 7.1 所示。用户可以在此文本框中输入菜单所需要显示的文本，并在属性窗口中设置菜单的属性。

图 7.1 输入菜单项的位置

（2）菜单项的常用属性如表 7.1 所示。

表 7.1 菜单项的常用属性

属性	含义
Caption	标题
Checked	菜单是否为选中标记
Enabled	菜单是否可用
Grayed	是否变灰显示
Promopt	当鼠标指针移动到某菜单时，是否显示提示信息
Separator	是否为分割栏
Popup	是否为子菜单

（3）在帮助后面添加"文本"子菜单项，Popup 属性设置为 True 时，ID 号为未激活状态，相反则为激活状态。

（4）在"文本"菜单下面添加"第一项"菜单项，当该 ID 为激活状态时，修改它的 ID 为 "IDdiyixiang"给该菜单项添加命令相应函数；在该菜单上单击鼠标右键，在弹出的快捷菜单中选择"添加事件处理程序（A）…"命令，如图 7.2 所示。

（5）打开如图 7.3 所示的"事件处理程序向导"页面。该命令名为"IDdiyixiang"，在消息类型中选择"COMMAND"，在类列表中选择"CMainFram"，单击"添加编辑"按钮。

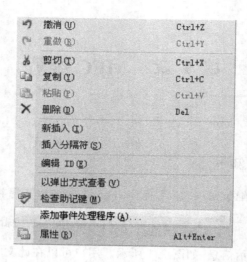

图7.2　为菜单项添加事件处理程序的弹出式快捷菜单

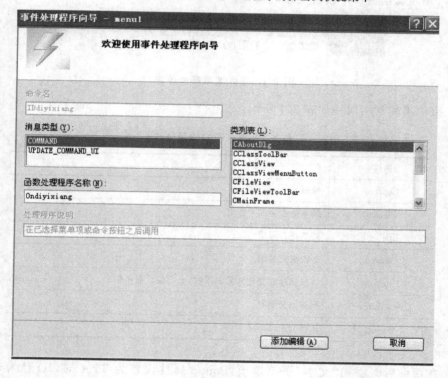

图7.3　事件处理程序向导

（6）编写代码如下。

```
void CMainFrame::Ondiyixiang()
{
    // TODO：在此添加命令处理程序代码
    AfxMessageBox("这是第一项");
}
```

【例7-2】　菜单实例二

（1）创建一个MFC应用程序，项目名称为mfcmenue，对应程序类型选择基于对话框的应用程序，使用MFC应用程序向导中的"应用程序类型"页面，如图7.4所示。

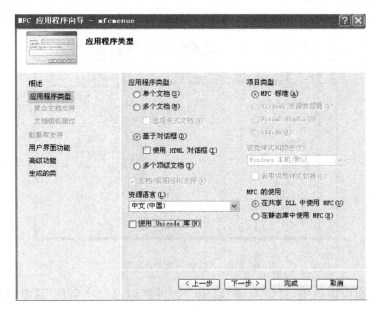

图7.4　MFC应用程序向导的"应用程序类型"页面

（2）在MFC应用程序向导中，使用"用户界面功能"页面，输入对话框的标题"菜单的实例"，如图7.5所示。

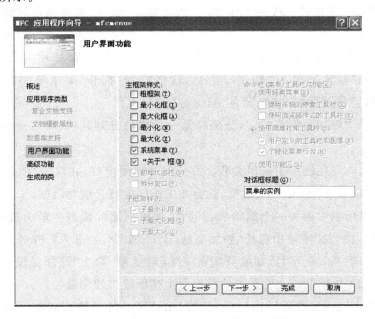

图7.5　MFC应用程序向导的"用户界面功能"页面

（3）在应用程序向导生成程序框架之后，删除对话框中的静态文本。

（4）为应用程序创建一个菜单。打开资源视图窗口，展开资源树。选中资源视图上部的项目资源文件夹，单击鼠标右键，在弹出的快捷菜单中选择"添加资源"命令，打开如图 7.6 所示的"添加资源"对话框。

（5）在"添加资源"对话框中选中"Menu"，单击"新建"按钮，如图 7.6 所示。

图 7.6 "添加资源"对话框

（6）在资源视图窗口中，可以看到"Menu"文件夹以及一个空的"IDR_MENU1"菜单，同时在工作区中打开菜单设计器。

（7）在菜单设计器中单击"请在此输入"区域，会出现光标，输入"文件"并按回车键。

（8）单击"文件"菜单下面的"请在此输入"区域，输入"打开"，并在属性窗口中设置它的"ID"属性值为"ID_OPEN"。按照上述方法，依次输入"保存"菜单项及它的"ID"属性值为"ID_CLOSE"。

（9）设置菜单项的热键。单击"打开"菜单项，在"属性"窗口中找到"打开"菜单的"Caption"属性，并修改其值为"打开（&O）"，这样就为"打开"菜单项的命令添加了热键"Alt＋O"。同样，"保存"命令的热键为"Alt＋S"。

（10）在菜单中添加分隔符"—"，分隔符是一条横的分割菜单，用来分隔菜单中两个不同的功能区。

（11）将菜单与应用程序主窗口关联。打开资源视图窗口，并双击"Dialog"文件夹中的"IDD_MFCMENUE_DIALOG"对话框，就会在工作区中打开该对话框。

（12）向该对话框中添加一个编辑框，并为该编辑框添加成员变量。选中编辑框，单击鼠标右键，在弹出的快捷菜单中选择"添加变量（B）…"命令，如图 7.7 所示。

（13）弹出如图 7.8 所示"添加成员变量向导"对话框，勾选"控件变量"前面的复选框，在类别下拉框中选中 Value，在变量名的位置写上你所定义的变量名。

（14）选中该对话框，在属性窗口中，从"Menu"属性的下拉列表框中选择所要设计的"IDR_MENU1"菜单。

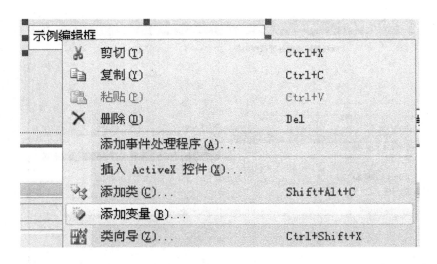

图 7.7　为编辑框添加变量的弹出式快捷菜单

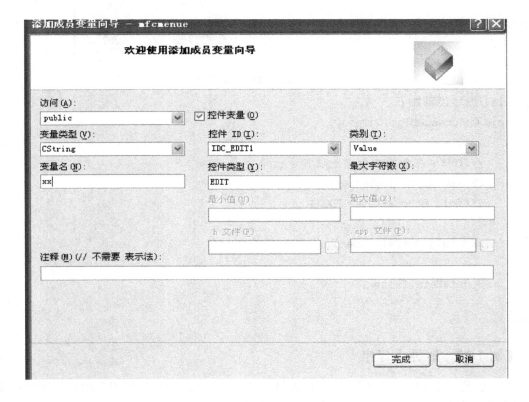

图 7.8　"添加成员变量向导"对话框

（15）为菜单项添加事件处理程序。单击鼠标右键,在弹出的快捷菜单中选择"添加事件处理程序"命令,弹出事件处理程序向导,如图 7.9 所示,在函数处理程序名称下的文本框内输入"OnOpen"并单击"添加编辑"按钮。

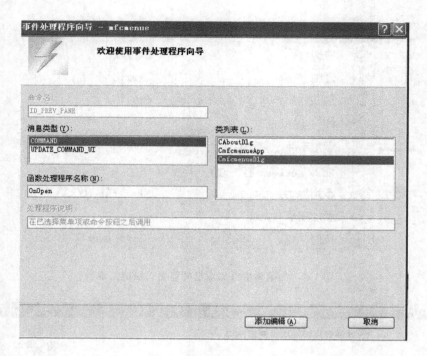

图 7.9 事件处理程序向导

（16）编写代码如下。

```
void CmfcmenueDlg::OnOpen()
{
    // TODO：在此添加命令处理程序代码
    CFileDialog fdlg(true);
    if(fdlg.DoModal() == IDOK)
    {
    xx = fdlg.GetPathName();

    UpdateData(false);
    }
}
```

【例 7-3】 时钟小程序

（1）创建一个 MFC 应用程序，项目名称为"GAO2"，在 MFC 应用程序向导的应用程序类型选项卡中选择"单个文档"单选按钮，其他不变。

（2）单击"下一步"按钮，直到出现"生成的类"选项卡，在其中将视图的基类设置为"CFormView"类。

（3）单击"完成"按钮，这样就新建了一个名为"GAO2"的单文档项目。

（4）在"资源视图"面板中，展开"GAO2.rc\Dialog"下的"IDD_GAO2_FORM"，切换到对话框编辑窗口，在该窗口中删除默认的静态文本。从工具箱中拖放一个静态文本框控件到窗体中,并将它的属性改为"时间"。再从工具箱中拖放一个编辑框放入窗体中,并将它的"ID"属性值改为"IDC_Time",同时将它的"Read Only"属性值设置为"true"。窗体界面如图7.10所示。

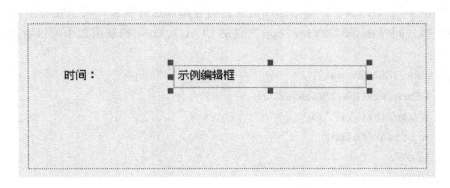

图7.10　窗体设计界面

(5)利用菜单编辑器添加菜单。在"资源视图"中选择"Menu"文件夹,双击"IDR_MAINFRAME",添加各个菜单项,如图7.11所示。

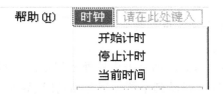

图7.11　设计的菜单

配置各个菜单项的ID及标题分别如下。
- ID_TIME_START:开始计时。
- Stop:停止计时。
- Current:当前时间。

(6)为编辑框IDC_Time绑定一个变量。选中该控件,单击鼠标右键,在弹出的快捷菜单中选择"添加变量"命令,为该控件绑定一个CStrin型的public变量,命名为"m_strTime",如图7.12所示,勾选"控件变量"复选框,在类别下拉列表框中选择"Value"。

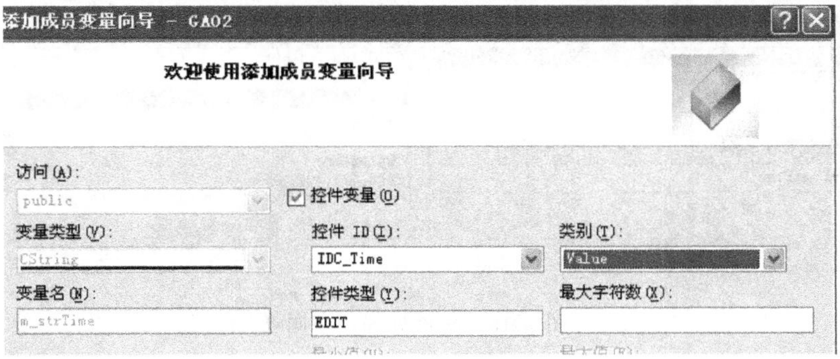

图7.12　添加成员变量向导

（7）为视图添加变量。打开"类视图"中的 CGAO2View，单击鼠标右键，在弹出的快捷菜单中选择"添加"/"添加变量"命令，弹出"添加成员变量向导"对话框，选择变量类型和变量名。为 CGAO2View 添加的变量有"unsigned int m＋timer;""bool m_btimer;""int h;""int m;""int s;""int ms;"。用添加成员变量向导添加这些变量后可以在 GAO2Vies.h 文件中看到它们，同时在 GAO2View.cpp 文件的 CGAO2View 构造函数中可以看到它们的初始化。

```
CGAO2View::CGAO2View()
    : CFormView(CGAO2View::IDD)
    , m_strTime(_T(""))
    , m_btimer(false)
    , h(0)
    , m(0)
    , s(0)
    , ms(0)
    , m_timer(0)
{
    // TODO：在此处添加构造代码
}
```

（8）为"开始计时"菜单命令添加单击事件处理程序。在资源视图面板中，双击"Menu"下的 IDR_MAINFRAME 项，跳转到菜单编辑界面，在该界面中右击"开始计时"菜单，在弹出的快捷菜单中选择"添加事件处理程序"命令，打开"事件处理程序向导"对话框，在该对话框中消息类型选择"COMMAND"，在"类列表"中选择"CGAO2View"类，如图 7.13 所示，单击"添加编辑"按钮。

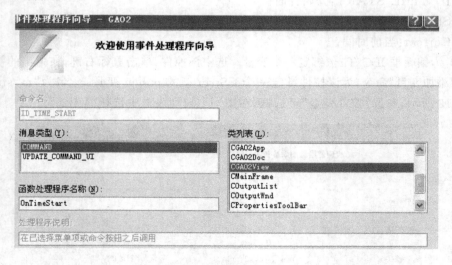

图 7.13 事件处理程序向导

这样光标将定位在事件处理函数中，并添加代码如下。

```
void CGAO2View::OnTimeStart()
{
    // TODO：在此添加命令处理程序代码
    m_timer = SetTimer(1,100,NULL);//设置定时器
    m_btimer = false;
}
```

用类似的方法为停止计时添加事件处理程序，代码如下。

```
void CGAO2View::Onstop()
{
    // TODO：在此添加命令处理程序代码
    KillTimer(m_timer);
    m_btimer = true;
}
```

注：用户单击"开始计时"是用 SetTimer()设置了一个定时器，每 100 ms 发送一个定时器消息到 Windows 消息队列，并在用户单击"停止计时"时删除该定时器。

在使用定时器时需要三个步骤：用 SetTimer()打开一个定时器，用 OnTimer()函数实现定时，用 KillTimer()函数删除定时器。

可在 CGAO2View.cpp 文件中查看完整代码，详细代码如(9)所示。

(9) 添加定时消息 WM_TIMER 处理函数。在"类视图"面板中，选中视图类"CGAO2View"，单击其"属性"面板中的"消息" 按钮，选择"WM_TIMER"消息，并在下拉列表中选择"OnTimer()"，接受默认的函数名(该函数用于实现定时器定时)，从而为 WM_TIMER 消息添加了处理函数"OnTimer()"。定位到"OnTimer()"并添加代码如下。

```
void CGAO2View::OnTimer(UINT_PTR nIDEvent)
{
    // TODO：在此添加消息处理程序代码和/或调用默认值
    m_strTime.Format (_T("%02d:%02d:%02d:%02d"),h,m,s,ms);
    UpdateData(false);
    ms++;
    if(ms==10){ms=0;s++;}
    if(s==60){s=0;m++;}
    if(m==60){m=0;h++;}
    CFormView::OnTimer(nIDEvent);
}
```

(10) 在开始计后禁用"ID_TIME_START"菜单，因此为 ID_TIME_START 映射 UPDATE_COMMAND_UI 消息(当菜单的状态发生变化时触发此消息)，并添加消息处理函数。

```
void CGAO2View::OnUpdateTimeStart(CCmdUI * pCmdUI)
```

```
{
        // TODO：在此添加命令更新用户界面处理程序代码
        if(!m_btimer)
            pCmdUI->Enable(false);
}
```

(11) 选择"当前时间"菜单命令时弹出一个消息框，代码如下。

```
void CGAO2View::Oncurrent()
{
        // TODO：在此添加命令处理程序代码
        Onstop();
        CTime t;
        t.GetTime();//CTime::GetCurrentTime();
        CString str;
        str.Format(_T("Current Time is %02d:%02d:%02d"),t.GetHour(),
        t.GetMinute(),t.GetSecond());
        MessageBox(str,NULL,MB_OK);
        h=m=s=ms=0;
        m_strTime.Format(_T("%02d:%02d:%02d:%02d"),h,m,s,ms);
        UpdateData(false);
}
```

(12) 在该项目中所有的字符串前加上一个"_T"，是因为该项目使用的是 Unicode 字符集，为保证文字字符集的统一，省去"_T"的函数应用，可以单击"项目"选项下面的"GAO2"属性，弹出"GAO2 属性"页面，将"常规"选项下面"字符集"的值由"使用 Unicode 字符集"改为"使用多字节字符集"。

【例 7-4】　消息实例

(1) 创建一个 MFC 的单文档应用程序，命名为"messagep"，其他选择默认。

(2) 在类视图的"CmessagepView"类中添加一个数据成员变量"m_mousep"，其为CString 类型的，在"类视图"面板中双击"CmessagepView"类，进入 messagepView.h 文件，可以看到刚刚定义的成员变量，即

```
public:
        CString m_mousep;
```

而在它的构造函数中对该变量进行了初始化（在 messagepView.cpp 文件中），即

```
CmessagepView::CmessagepView()
        : m_mousep(_T(""))
{ // TODO：在此处添加构造代码}
```

(3) 修改屏幕的重画函数。在 messagepView.cpp 文件中修改 OnDraw()函数，代码

如下。

```
void CmessagepView::OnDraw(CDC * pDC)
{
    CmessagepDoc * pDoc = GetDocument();
    ASSERT_VALID(pDoc);
    if (! pDoc)
        return;
    //TODO：在此添加专用代码和/或调用基类
    pDC -> TextOut(20,20,m_mousep);
}
```

（4）添加鼠标消息的响应函数。在"类视图"面板中单击"CmessagepView"类，单击"属性"面板的"消息"  按钮，在列表框中选择 WM_LBUTTONUP、WM_LBUTTONDOWN、WM_MOUSEMOVE 的鼠标消息响应函数，如图 7.14 所示，并添加相应的代码，这些消息响应函数的定义是在"messagepView.cpp"文件中。

图 7.14 添加消息响应函数

```
void CmessagepView::OnDraw(CDC * pDC)
{
    CmessagepDoc * pDoc = GetDocument();
    ASSERT_VALID(pDoc);
    if (! pDoc)
        return;
    //TODO:在此添加专用代码或调用基类
    pDC -> TextOut(20,20,m_mousep);
}
void CmessagepView::OnLButtonDown(UINT nFlags, CPoint point)
```

```
{
    m_mousep.Format(_T("鼠标左键落下的点在:(%d,%d)处"),point.x,point.y);
    Invalidate();
    CView::OnLButtonDown(nFlags, point);
}
void CmessagepView::OnLButtonUp(UINT nFlags, CPoint point)
{
    m_mousep.Format(_T("鼠标左键抬起的点在:(%d,%d)处"),point.x,point.y);
    Invalidate();
    CView::OnLButtonUp(nFlags, point);
}
```

(5)在"messagepView.h"文件中可以看到所添加的响应函数的原型声明,即

```
public:
    CString m_mousep;
    virtual void OnDraw(CDC *  / * pDC * /);
    afx_msg void OnLButtonDown(UINT nFlags, CPoint point);
    afx_msg void OnLButtonUp(UINT nFlags, CPoint point);
    afx_msg void OnMouseMove(UINT nFlags, CPoint point);
```

在"messagepView.cpp"文件中自动添加了消息映射,即

```
BEGIN_MESSAGE_MAP(CmessagepView, CView)
    // 标准打印命令
    ON_COMMAND(ID_FILE_PRINT, &CView::OnFilePrint)
    ON_COMMAND(ID_FILE_PRINT_DIRECT, &CView::OnFilePrint)
    ON_COMMAND(ID_FILE_PRINT_PREVIEW, &CmessagepView::OnFilePrintPreview)
    ON_WM_CONTEXTMENU()
    ON_WM_RBUTTONUP()
    ON_WM_LBUTTONDOWN()
    ON_WM_LBUTTONUP()
    ON_WM_MOUSEMOVE()
END_MESSAGE_MAP()
```

【例7-5】 计算器(小数点后仅保留一位数字)

(1)创建一个 MFC 应用程序,命名为"jisuanqi",在 MFC 应用程序向导的"应用程序类型"界面选择"基于对话框"应用程序。在"用户界面功能"页面的对话框标题中输入"计算器"作为对话框的标题,其他都是默认,直至完成。

(2)在"资源视图"面板中,打开 Dialog 文件夹,双击"IDD_JISUANQI_DIALOG"对话框,在该对话框的设计界面中删除"确定""取消"按钮以及静态文本。

（3）在工具箱面板中选中"Button"按钮,拖放到"IDD_JISUANQI_DIALOG"对话框的适当位置上,修改它们的属性值,界面如图 7.15 所示,属性值如表 7.2 所示。

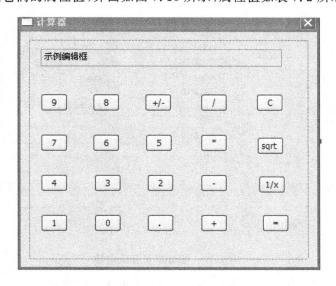

图 7.15　计算器设计界面

表 7.2　各个控件 ID、Caption 属性及他们的属性值

控件	ID 属性	Caption 属性
Button	IDC_BU_0	0
Button	IDC_BU_9	9
Button	IDC_BU_P	.
Button	IDC_BU_S	+/−
Button	IDC_BU_ADD	+
Button	IDC_BU_MINUS	−
Button	IDC_BU_MULT	*
Button	IDC_BU_DIV	/
Button	IDC_BU_C	C
Button	IDC_BU_SQRT	sqrt
Button	IDC_BU_DAOSHU	1/x
Button	IDC_BU_EQUAL	=
Edit Control	IDC_EDIT1	

（4）为编辑框添加变量。选中 IDC_EDIT1,单击鼠标右键,在弹出的快捷菜单中选择"添加变量"命令,打开"添加成员变量向导"对话框,设置变量名及变量类型,如图 7.16 所示。

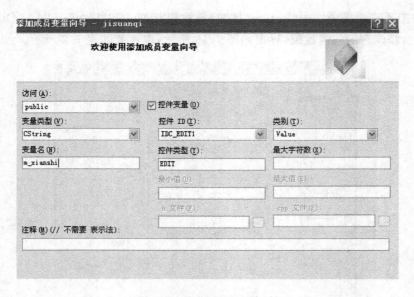

图 7.16　添加成员变量向导

（5）在 jisuanqiDlg. h 文件中为 CjisuanqiDlg 类引入新的变量。

```
double m_num1;// 第一个操作数
    double m_num2;// 第二个操作数
    double m_f;//系数
    char m_operator;// 操作符
```

//在 jisuanqiDlg.cpp 文件中的构造函数对以上变量进行初始化

```
CjisuanqiDlg::CjisuanqiDlg(CWnd * pParent / * = NULL * /)
    : CDialogEx(CjisuanqiDlg::IDD, pParent)
    , m_xianshi(_T("0.0"))
    , m_num1(0.0)
    , m_num2(0.0)
    , m_f(1.0)
    , m_operator('+')
{m_hIcon = AfxGetApp() - >LoadIcon(IDR_MAINFRAME);}
```

（6）双击各个按钮为每个按钮添加单击事件的响应函数。

按钮 1 的单击事件响应函数(其他的按钮做相应的改变)如下。

```
void CjisuanqiDlg::OnBnClickedBu1() // 1
{
    if(m_f == 1.0)
    { m_num2 = m_num2 * 10 + 1;    }
    else
    {m_num2 = m_num2 + 1 * m_f; m_f = 0.1;}
```

```
    UpdateDisplay(m_num2);
}
void CjisuanqiDlg::OnBnClickedBuAdd()  // + 加
{
    Calculate();
    m_operator = '+';
}
void CjisuanqiDlg::OnBnClickedBuMinus()  // - 减
{
    Calculate();
    m_operator = '-';
}
void CjisuanqiDlg::OnBnClickedBuMult()  // × 乘
{
        Calculate();
    m_operator = '*';
}
void CjisuanqiDlg::OnBnClickedBuDiv()  // /除
{
    Calculate();
    m_operator = '/';
}
void CjisuanqiDlg::OnBnClickedBuC()  // C 清除
{
    m_num2 = 0.0;
    m_operator = '+';
    m_f = 1.0;
    UpdateDisplay(0.0);
}
void CjisuanqiDlg::OnBnClickedBuP()  // .
{
    m_f = 0.1;
}
void CjisuanqiDlg::OnBnClickedBuS()  // +/-
{
    m_num2 = -1 * m_num2;
    UpdateDisplay(m_num2);
```

```
    }
    void CjisuanqiDlg::OnBnClickedBuEqual() // 等号
    {
        Calculate();
        m_operator = '+';
    }
    void CjisuanqiDlg::OnBnClickedBuSqrt() // 开方
    {
        m_num2 = sqrt(m_num2);
        UpdateDisplay(m_num2);
    }
    void CjisuanqiDlg::OnBnClickedBuDaoshu() // 求倒数
    {
        m_num2 = 1.0/m_num2;
        UpdateDisplay(m_num2);
    }
```

（7）添加两个自定义的函数，方法是在类视图中选中 CjisuanqiDlg 类，单击鼠标右键，在弹出的快捷菜单中选择"添加"项下的"添加函数"命令，具体代码如下。

```
    void CjisuanqiDlg::Calculate(void)
    {
        switch( m_operator)
        {
            case '+':m_num1 += m_num2;break;
            case '-':m_num1 - = m_num2;break;
            case '*':m_num1 * = m_num2;break;
            case '/':
                if(m_num2 < = 0.00001)
                {m_xianshi = "除数为 0 吗?";
                UpdateData(false);
                return;
                }
                m_num1/ = m_num2;break;
        }
        m_num2 = 0.0;
        m_f = 1.0;
```

```
        UpdateDisplay(m_num1);
}
void CjisuanqiDlg::UpdateDisplay(double aa)
{
        m_xianshi.Format(_T("%f"),aa);
        int i = m_xianshi.GetLength();
        while(m_xianshi.GetAt(i-1) == '0')
        {
                m_xianshi.Delete(i-1,1);
                i--;
        }
        UpdateData(false);
}
```

（8）在运算符的按钮中要先调用 Calculate()函数，因为操作符默认值是'＋'，就相当于给第一个操作数赋值了，然后给 m_operator 变量赋值，是为了在等号按钮中真正让两个操作数进行运算。

（9）文件中使用了 sqrt 开方运算，因此要包含＃include "Math.h"头文件。

（10）"UpdateData（true）；"是将控件中的数据传递给相应的变量。"UpdateData（false）；"是将变量中的数据传递给相应的控件。

【例 7-6】　创建一个基于对话框的 MFC 不规则窗口

（1）在对话框的属性栏中设置"Title Bar"选项为 false，设置"Border"属性为 None。

（2）在对话框中添加变量如下。

CRgn m_rgn;

（3）在对话框的 OnInitDialog()函数中添加如下代码实现不规则窗口。

```
// TODO：在此添加额外的初始化代码
        CRect rcdlg;
        GetClientRect(rcdlg);
        CRgn rgn1,rgn2;
        rgn1.CreateEllipticRgn(0,0,rcdlg.Width(),rcdlg.Height());
        rgn2.CreateEllipticRgn(0,0,rcdlg.Width()/3,rcdlg.Height()/3);
        m_rgn.CreateEllipticRgn(0,0,rcdlg.Width(),rcdlg.Height());
        m_rgn.CombineRgn(&rgn1,&rgn2,RGN_DIFF);
        ::SetWindowRgn(GetSafeHwnd(),(HRGN)m_rgn,TRUE);
```

运行结果如图 7.17 所示。

图 7.17　例 7-6 的运行结果

【例 7-7】　画一条直线

（1）创建一个单文档项目，命名为"zhixian"，在视图类"CzhixianView"中单击属性页中的"消息" 按钮，属性页如图 7.18 所示。

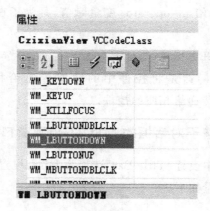

图 7.18　属性页

（2）选中"WM_LBUTTONDWN"消息，单击该消息右侧的下拉按钮，如图 7.19 所示。单击"< Add > OnLButtonDown"项，并用相同的方法添加"OnLButtonUp"消息处理方法。

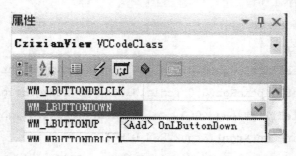

图 7.19　"WM_LBUTTONDWN"消息的下拉列表

（3）给视图类添加一个成员变量方法。选中该视图类，单击鼠标右键，在弹出的快捷菜单中选择"添加"下的"添加变量"命令，如图7.20所示。添加的变量类型及变量名分别为CPoint和m_ptold。

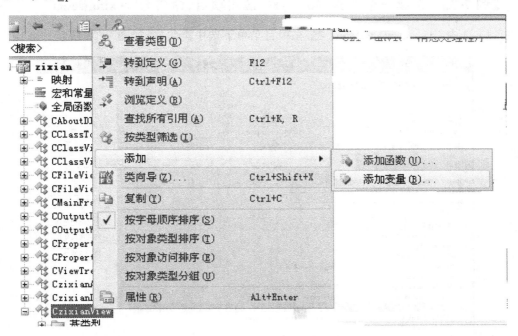

图7.20 给指定的视图类添加变量

（4）各个消息的处理方法如下。

```
void CzixianView::OnLButtonDown(UINT nFlags, CPoint point)
{
    // TODO：在此添加消息处理程序代码和/或调用默认值
    m_ptold = point;//把鼠标左键按下的点存到m_ptold变量中

    CView::OnLButtonDown(nFlags, point);
}


void CzixianView::OnLButtonUp(UINT nFlags, CPoint point)
{
    // TODO：在此添加消息处理程序代码和/或调用默认值
    HDC hdc;
    hdc = ::GetDC(m_hWnd);//m_hWnd为CWnd类中的一个成员变量
    MoveToEx(hdc,m_ptold.x,m_ptold.y,NULL);//移动到直线的起点
    LineTo(hdc,point.x,point.y);//画好直线
    ::ReleaseDC(m_hWnd,hdc);//释放设备环境
    CView::OnLButtonUp(nFlags, point);
}
```

在代码中 HDC 类型的变量 hdc 是保存 GetDC 所返回的与之特定窗口相关联的 DC 句柄,调用全局函数 GetDC 获取当前设备环境。

【例7-8】　创建一个单文档的 MFC 应用项目,命名为"tuxingwenzi"

(1) 选中 CtuxingwenziView 类,在项目菜单下选中类向导,如图 7.21 所示。

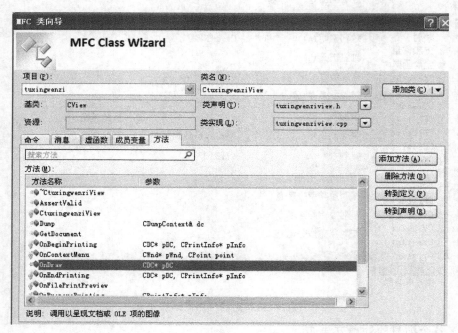

图 7.21　类向导

选中方法页面中的:OnDraw 方法,然后双击该方法,即在 tuxingwenziView.cpp 文件中添加了该方法,代码如下。

```
void CtuxingwenziView::OnDraw(CDC * / * pDC * /)
{
    CtuxingwenziDoc * pDoc = GetDocument();
    ASSERT_VALID(pDoc);
    if (!pDoc)
        return;
    // TODO:在此处为本机数据添加绘制代码
}
```

使用函数圆角矩形和椭圆后的代码如下。

```
void CtuxingwenziView::OnDraw(CDC * pDC)
{
    CtuxingwenziDoc * pDoc = GetDocument();
    ASSERT_VALID(pDoc);
    if (!pDoc)
```

```
        return;
        // TODO：在此处为本机数据添加绘制代码
        pDC->RoundRect(5,50,200,100,30,30);
        pDC->Ellipse(100,100,260,260);
}
```

（2）编译链接并运行后的界面如图 7.22 所示。

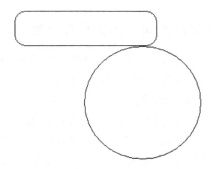

图 7.22　例 7-8 的运行界面

【例 7-9】　编写一个单文档使用 CPaintDC 类的 MFC 应用程序

在 CtuxingwenziView 类中，使用 CPaintDC 类完成。代码如下。

```
void CtuxingwenziView::OnPaint()
{
        CPaintDC dc(this); // device context for painting
        // TODO：在此处为本机数据添加绘制代码
        // 不为绘图消息调用 CView::OnPaint()
        dc.RoundRect(50,50,100,100,30,30);
        dc.Ellipse(100,100,280,280);
}
```

运行界面如图 7.23 所示。

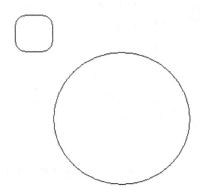

图 7.23　例 7-9 的运行界面

第8章 Windows 窗体应用程序开发

【例 8-1】 Windows 窗体应用程序的窗体和消息

依次单击"文件"→"新建"→"项目"命令,在弹出的对话框中选择 Windows 窗体应用程序,如图 8.1 所示,输入项目的名称和解决方案的名称,并设置文件存储的位置,单击"确认"按钮。进入 Windows 窗体应用程序的设计界面,如图 8.2 所示,左侧是解决方案下面的多个项目,本项目是 exp8_1,右上灰色的正方形为 Form1 窗体,右下是调试结果界面。在 Form1 窗体内单击鼠标右键,在弹出的快捷菜单中选择"属性"命令,打开属性窗口,选择右侧属性窗口上方的图标" ",在该界面操作目录下选择 Click,在 Click 右侧的空白处双击,如图 8.3 所示,调出窗体的单击事件函数,如图 8.4 所示,将代码"this—> Width = this—> Width+60;"写入 Void Form1_Click() 函数体内。

```
private: System::Void Form1_Click(System::Object^ sender, System::EventArgs^ e)
         {        this—> Width = this—> Width+60;        }
```

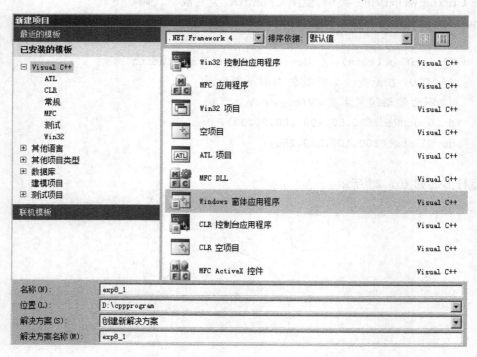

图 8.1　新建 Windows 窗体应用程序并命名

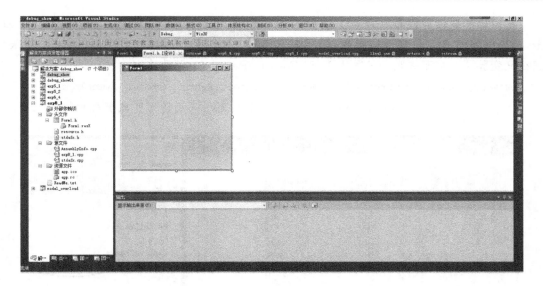

图 8.2　Windows 窗体应用程序的设计界面

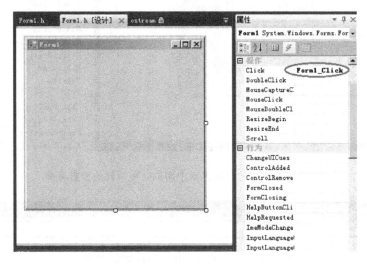

图 8.3　打开窗体的属性窗口并跳转到对应的处理事件的函数界面

```
Form1.h    Form1.h [设计]
exp8_1::Form1                                    Form1_Click(System::Object ^ sender,
          this->ClientSize = System::Drawing::Size(292, 273);
          this->Name = L"Form1";
          this->Text = L"Form1";
          this->Click += gcnew System::EventHandler(this, &Form1::Form1_Click);
          this->Resize += gcnew System::EventHandler(this, &Form1::Form1_Resize);
          this->ResumeLayout(false);

       }
#pragma endregion
    private: System::Void Form1_Click(System::Object^  sender, System::EventArgs^  e) {
             this->Width=this->Width+60;
          }
```

图 8.4　调出窗体的单击事件函数并写入代码

在窗口的属性界面布局目录下选择 Resize,如图 8.5 所示,在 Resize 右侧的空白处双击,调出窗体的 Resize 事件的函数,如图 8.6 所示,将代码"MessageBox∷Show("讨厌!怎么又变胖了? 减肥失败");"写入 Void Form1_ Resize () 函数体内。

private∷System∷Void Form1_Resize(System∷Object^ sender, System∷EventArgs^ e)

{ MessageBox∷Show("讨厌! 怎么又变胖了? 减肥失败"); }

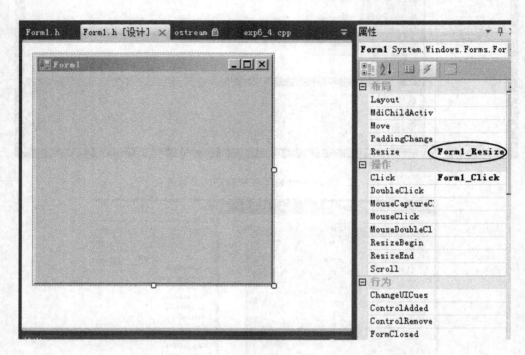

图 8.5　在窗体的属性界面中调出处理事件的函数界面

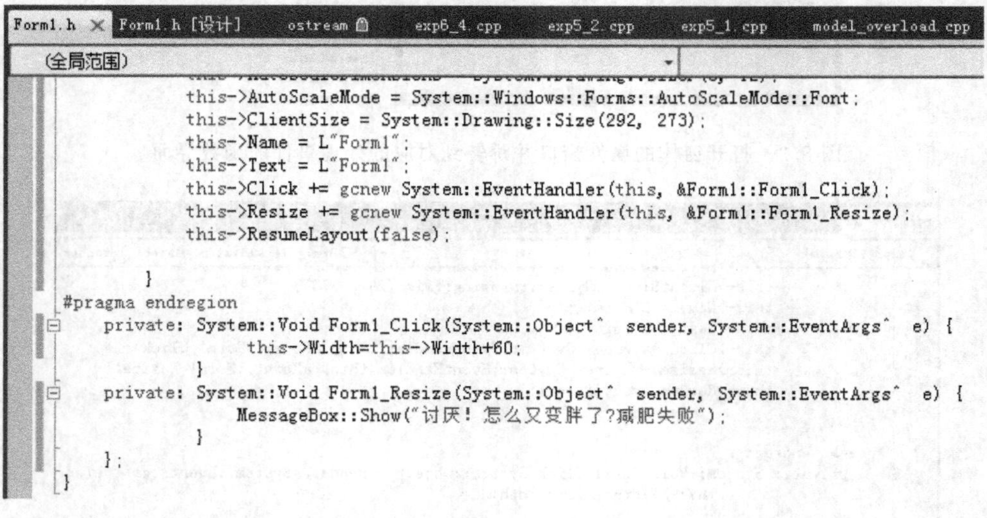

图 8.6　调出窗体的 Resize 事件的函数并写入代码

按"F5"键启动程序,得到一个空白 Form1 窗体界面,在 Form1 中单击,弹出如图 8.7 所示对话框,同时之前的 Form1 窗体变宽了一些。

图 8.7　例 8.1 的运行结果

注:本例中每次调出函数界面都是在设计界面的属性面板中在对应事件(如 Click、Resize 等)右侧双击来跳转,那么能否直接在设计界面单击鼠标右键,在弹出框中选择"查看代码"进入代码界面,并在该界面直接写 Form1_Click() 函数呢? 答案是否定的,因为从设计界面属性面板双击事件右侧空白处跳转到代码界面(函数界面)时,系统会自动添加一些代码。

针对 Click 事件添加代码如下。

this->Click += gcnew System::EventHandler(this, &Form1::Form1_Click);

//建立单击事件句柄

针对 Resize 事件添加代码如下。

this->Resize += gcnew System::EventHandler(this, &Form1::Form1_Resize);

//建立 Resize 事件句柄

如果只是在 Form1_Click() 函数中添加"this->Width＝this->Width＋60;",则程序无法得到正确的结果。如果想在代码界面完成 Click 事件的编写(不希望通过设计界面属性面板双击事件右侧空白处的方式跳到函数界面),则应在系统自动生成的代码处补充对应系统生成的代码。

【例 8-2】　在富文本框中显示在消息框中所选的按键

依次单击"文件"→"新建"→"项目"命令,在弹出的对话框中选择 Windows 窗体应用程序,输入项目的名称和解决方案的名称,并设置文件存储的位置,然后单击"确认"按钮。进入 Windows 窗体应用程序的设计界面,将鼠标指针移动到设计界面右侧的"工具箱"上,弹出工具箱,再在工具箱中将富文本框(RichTextBox)拖到 Form1 窗体中,如图 8.8 所示。

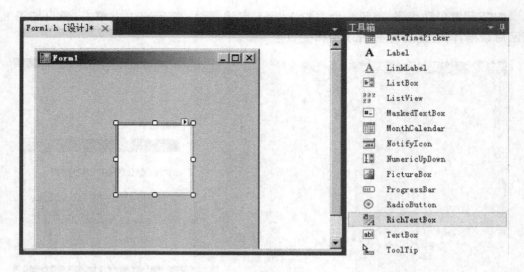

图 8.8　将 RichTextBox 拖入 Form1 窗体中

在 Form1 窗体的空白处(灰色区域)单击鼠标右键,打出属性窗口,选择右侧属性窗口上方的图标"⚡",在该界面操作目录下选择 Click,接着在 Click 右侧的空白处双击,调出窗体的单击事件的函数,将代码写入函数 Form1_Click()函数体内,具体代码如下所示。

```
private: System::Void Form1_Click(System::Object^ sender, System::EventArgs^ e)
{
    String^ xiaoxi = "this is your choice"; //建立字符串变量 xiaoxi
    String^ captin = "please select"; //建立字符串变量 captin
    MessageBoxButtons b1 = MessageBoxButtons ::YesNo;
    //将 MessageBox 控件中的属性 MessageBoxButtons 设定为 YesNo,并赋
    //值给 MessageBoxButtons 型的变量 b1
    System::Windows::Forms::DialogResult rt; //建立对话框变量 rt
    rt = MessageBox::Show(xiaoxi,captin, b1); //调用 MessageBox 控件
                                               //的 Show()
    //函数显示对话框,并将对话框的选项(是或否)返回给变量 rt
    richTextBox1 -> Text = rt.ToString(); //将 rt 转换为字符并显示在
                                          //富文本框控件内
}
```

按"F5"键运行,弹出一个带 RichTextBox 的 Form1 窗体,在 Form1 的空白处单击,在弹出的窗口中选择"是",则在 RichTextBox 文本框中显示"Yes"。再次在 Form1 窗体空白处单击,在弹出的窗口中选择"否",则在 RichTextBox 文本框中显示"No"。

【例 8-3】　菜单、工具栏、状态栏、富文本框

本例使用菜单控件、状态栏、富文本框、文本框、命令按钮控件设计一个消息发送框,具体步骤如下。

（1）新建一个 Windows 窗体应用程序，命名为 Note1。

（2）在窗体中添加富文本框（richTextBox1）、文本框（textBox1）和一个按钮（button1）控件，并将 button1 控件的 Text 属性设置为"发送"。

（3）添加 menuStrip1 控件（将鼠标指针移动到设计界面右侧的"工具箱"上，弹出工具箱，再在工具箱中将菜单控件（MenuStrip）拖动到 Form1 窗体中），并添加菜单项，如图 8.9所示。

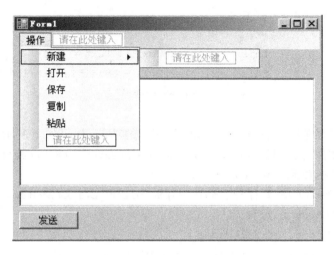

图 8.9　添加菜单项

（4）向窗体中添加右键菜单控件（上下文菜单），将 ContextMenuStrip 控件拖放到From1 窗体内。

（5）将富文本框（richTextBox1）、文本框（textBox1）与右键菜单控件（contextMenuStrip1）相关联。具体过程为：右击富文本框，在弹出的快捷菜单中选择"属性"命令，打开属性窗口，在其中选择 ContextMenuStrip 属性，单击其右方空白处，选择 contextMenuStrip1，按"Enter"键，如图 8.10 所示。同理，将 textBox1 与 contextMenuStrip1 相关联。

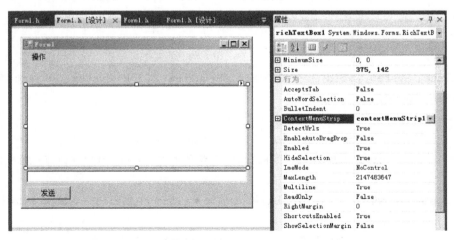

图 8.10　将富文本框、文本框与右键菜单控件相关联

（6）为菜单项"新建"添加事件响应程序。可以通过调出属性面板，选择事件，并在对应事件的右侧双击进入代码界面，也可以直接在菜单项"新建"上双击进入代码界面。因为是Click事件，所以可以这样做；如果是其他事件，如Load、Resize等，则必须通过属性面板调出代码界面。调出代码界面后，在对应"新建ToolStripMenuItem_Click()"函数体内写入下面的代码，这里支持带中文的函数名。

```
private: System::Void 新建 ToolStripMenuItem_Click(System::Object^ sender,
System::EventArgs^ e) //新建
        {
                this -> richTextBox1 -> Text = "";
                this -> richTextBox1 -> Modified = false;
                this -> strFileName = "";
        }
```

同理可以完成菜单项中打开、保存、复制、粘贴的功能，代码如下所示。需要注意的是，打开文件和保存文件需要用到openFileDialog控件和saveFileDialog控件，因此必须从工具箱中将这两个控件拖放到Form1窗体中。

```
private: System::Void 打开 ToolStripMenuItem_Click (System::Object^ sender,
System::EventArgs^ e) //打开
        { String^ strFileName;
                openFileDialog1 -> InitialDirectory = "E:\";
                openFileDialog1 -> Filter = "富文本文件（*.rtf)|*.rtf|文本文件
（*.txt)|*.txt";
if(System::Windows::Forms::DialogResult::OK == openFileDialog1 -> ShowDialog())
                {
                        strFileName = openFileDialog1 -> FileName;
                        StreamReader^ sd = File::OpenText(strFileName);
                        this -> richTextBox1 -> Text = sd -> ReadToEnd();
                        sd -> Close();
                }
        }
private: System::Void 保存 ToolStripMenuItem_Click (System::Object^ sender,
System::EventArgs^ e) //保存
        {
                saveFileDialog1 -> InitialDirectory = "E:\";
                saveFileDialog1 -> Filter = "富文本文件(*.rtf)|*.rtf|文本文件(*.
                                txt)|*.txt";
if( System::Windows::Forms::DialogResult::OK == saveFileDialog1 -> ShowDialog())
                {
                        strFileName = saveFileDialog1 -> FileName;
                        StreamWriter^ sw = File::CreateText(strFileName);
```

```
                    sw -> Write(richTextBox1 -> Text);
                    sw -> Close();
                }
        };
private: System:: Void 复制 ToolStripMenuItem_Click(System:: Object^ sender,
System::EventArgs^ e)
            {//复制
                if(! richTextBox1 -> SelectedText -> Equals(""))
                    Clipboard::SetDataObject(richTextBox1 -> SelectedText);
                else
                    MessageBox::Show("没有选中文本呢?");
            }
private: System:: Void 粘贴 ToolStripMenuItem_Click(System:: Object^ sender,
System::EventArgs^ e) //粘贴
            {//声明一个 iData 对象,获取剪贴板的数据
                IDataObject^ iData = Clipboard::GetDataObject();
                if(iData -> GetDataPresent(DataFormats::Text))
                    richTextBox1 -> Text += (String^)(iData -> GetData(DataFormats::Text));
                else
                    MessageBox::Show("不能从剪贴板中获取数据!");
            }
```

(7) 为右键菜单控件[①](上下文菜单)编写对应的事件响应程序。选中 contextMenuStrip1,在弹出的右键菜单中,双击"cut"选项,调出对应的代码界面,在对应的 cutToolStripMenuItem_Click()函数体内写入如下代码。

```
private: System:: Void cutToolStripMenuItem_Click(System:: Object^ sender,
System::EventArgs^ e) {
            textBox1 -> Cut();
        }
```

如此便完成了右键菜单项中"cut"选项的编程。同理,完成右键菜单项中其他选项,对应代码如下。

```
private: System:: Void copyToolStripMenuItem_Click(System:: Object^ sender,
System::EventArgs^ e) {
            richTextBox1 -> Copy();
        }
private: System:: Void deleteToolStripMenuItem_Click(System:: Object^ sender,
System::EventArgs^ e) {
```

---

① 右键菜单控件实现的功能就是当在对应富文本框(或其他控件)中单击鼠标右键时弹出窗口。

```
                textBox1 -> SelectedText = "";
        }
private: System::Void pasteToolStripMenuItem_Click(System::Object^ sender,
System::EventArgs^ e) {
                textBox1 -> Paste();
        }
private: System::Void selectToolStripMenuItem_Click(System::Object^ sender,
System::EventArgs^ e) {
                textBox1 -> SelectAll();
        }
```

（8）对按钮 button1 编程。双击 button1 按钮，调出代码界面，在对应的 button1_Click() 函数体内写入如下代码。

```
private: System::Void button1_Click(System::Object^ sender, System::EventArgs^ e) {
                richTextBox1 -> Text += textBox1 -> Text + "\n";
                textBox1 -> Clear();
        }
```

（9）向窗口中添加定时器组件和状态栏。将状态栏（StatusStrip）拖放到 Form1 窗体内，选中该状态栏，单击该控件的属性窗口中 Items 属性右边的"…"按钮，通过项集合编辑器在状态栏中添加两个 ToolStripLabel 对象，设置它们的名字为 dataLabel1 和 timeLabel2，如图 8.11 所示，分别存放日期和时间。拖放一个定时器控件到 Form1 窗口中，定时器控件在工具箱中的图标为 Timer。在 Form1 窗口中，选中定时器，在定时器的属性窗口中设置它的 Interval 为 100 毫秒，Enabled 设置为 True。

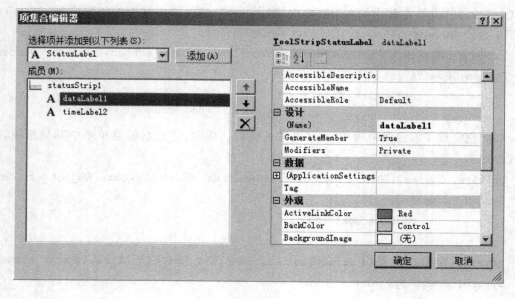

图8.11　设置状态栏

```
private: System::Void timer1_Tick(System::Object^ sender, System::EventArgs^ e) {
            DateTime mm = DateTime::Now;
            int y = mm.Year;
            int m = mm.Month;
            int d = mm.Day;
            int h = mm.Hour;
            int minute = mm.Minute;
            int s = mm.Second;
            dataLabel1 -> Text = "当前的日期是:" + y.ToString() + "年" + m.
                                 ToString() + "月" + d.ToString() + "日";
            timeLabel2 -> Text = "当前的时间是:" + h.ToString() + "时 " +
                                 minute.ToString() + "分" + s.ToString() + "
                                 秒";
        }
```

（10）如图 8.12 所示，在代码界面的上面部分添加代码"using namespace System::IO;"，同时在构造函数下面添加代码"String^ strFileName;"。

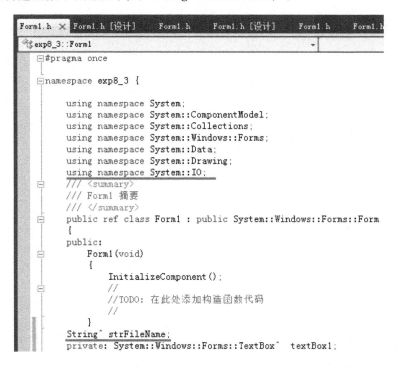

图 8.12　添加使用命名空间的语句并定义 strFileName 字符变量

完成上面所有的步骤后，按"F5"键运行，可以看到图 8.13 所示界面，在文本框中输入一串字符，单击"发送"按钮，就可以将文本框中的文字传递到富文本框。选中富文本框中的文字，然后选择菜单中的复制命令，就可以把复制的文字复制到富文本框。如果选中富文本框中的文字，再单击鼠标右键，在弹出的快捷菜单中选择复制，则会将这些文字复制到文本框。下方的状态栏显示日期和时间。同时,可以将富文本框中的文字保存到 Word 文档里。

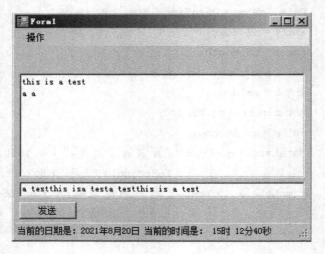

图 8.13 例 8-3 的运行结果

第9章 数据库应用编程

程序在访问数据库时需要通过某种数据库专用接口与其通信,不同的数据库管理系统提供自己专用的接口,因此程序对数据库的操作相对复杂。

1. 创建及连接数据库

在 Windows 系统中常用的访问数据库的方式有 ODBC(开放式数据库互联)、OLEDB(对象链接和嵌入数据库)、ADO 及 ADO. NET(ActiveX Data Objects. NET、ActiveX 数据对象)等。

使用 ADO. NET 的第一步是使用 System：：Data 的命名空间,其中包括所有的 ADO. NET 类。在 System：：Data 命名空间的各个子命名空间中,对于不同的数据源,ADO. NET 分别提供了相应的数据提供程序,从而引用不同的命名空间。例如,Access 数据库引用 System：：Data：：OleDb 命名空间,SQL Server 数据库引用 System：：Data：：SqlClient 命名空间。数据库的数据提供程序如表 9.1 所示。

表 9.1 数据库的数据提供程序

对象名	OLEDB. NET Framework 数据提供程序的类名	SQL Server. NET Framework 数据提供程序类名	ODBC. NET Framework 数据提供程序	Oracle. NET Framework 数据提供程序
Connection	OleDbConnection	SqlConnection	OdbcConnection	OracleConnection
Command	OleDbCommand	SqlCommand	OdbcCommand	OracleCommand
DataReader	OleDbDataReader	SqlDataReader	OdbcDataReader	OracleDataReader
DataAdapter	OleDbDataAdapter	SqlDataAdapter	OdbcDataAdapter	OracleDataAdapter

虽然数据提供程序不同,但它们连接访问的过程却大同小异。这是因为它们以接口的形式,封装了不同的数据库连接访问动作。正是因为这几种数据提供程序屏蔽了底层数据库的差异,从用户的角度看,它们的差别仅体现在命名上。

要访问数据库,首先要建立与数据库的连接。在.NET 框架中,提供了用于创建和管理连接的类,如 SqlConnection 类、OleDbConnection 类及 OdbcConnection 类等。OleDbConnection 类可以用于创建应用程序与多种类型数据库的连接,如与 Microsoft Access、Microsoft SQL Server、Oracle 等数据库的连接;SqlConnection 类可以创建只处理 Microsoft SQL Server 数据库但性能优良的连接;OdbcConnection 类用于创建到 ODBC 数据源的连接。

SqlConnection 类表示一个到 SQL Server 数据库的连接,它位于命名空间 System：：Data：：SqlClient 中。因此使用该类前,要引用命名空间 System：：Data：：SqlClient。使用

SqlConnection 类首先要创建该类的对象实例,然后通过 SqlConnection 对象的连接字符串 (ConnectionString)属性选择连接的字符串;或者直接在创建实例时把连接字符串作为参数传过去。

【例 9-1】 用 SqlConnection 等控件新建一个 Windows 窗体程序

本章所有例题均是在 Visual Studio 2010 开发软件和 SQL Server 2008 数据库下完成的。本例在连接数据库之前,需要使用 SQL Server 2008 内的 SQL Server Management Studio 管理软件新建数据库,数据库名为 xueshengxit。

(1) 打开 SQL Server Management Studio,如图 9.1 所示,单击"连接"按钮,进入 SQL Server 2008 管理软件,右击左边目录树的"数据库",在弹出的快捷菜单中选择"新建数据库"命令,给数据库取个名字:xueshengxit,如图 9.2 所示,单击"确定"按钮。此时左边数据库下新增了一个子目录"xueshengxit"。单击该目录左边的"+"号,展开该目录树,右击"表",在弹出的快捷菜单中选择"新建表"命令,在打开的窗口中输入对应"表"中的内容,如图 9.3 所示。注意,右击 sid 左边的空白处,在弹出的窗口中将 sid 设为主键,同时去掉允许为空的选项,表示主键不能为空。单击"保存"按钮,并给该表命名为 xsxx。这时展开左边 xueshengxit 数据库,再展开表,可以看到新建的 xsxx 表。右击 xsxx 表,在弹出的窗口中选择编辑前 200 行,进入数据输入页面,在该页面输入两条数据,如图 9.4 所示。这样,就建立了数据库 xueshengxit,在该数据库下建立了一张表 xsxx,并在该表中输入了两条数据。

图 9.1　连接数据库

(2) 如图 9.5 所示,建立一个 Windows 窗体应用程序并命名。查看工具箱中是否有关于使用 SQL 的一些控件,若没有,则在 Visual Studio 2010 软件的菜单中,依次选择"工具" →"选择工具箱项"选项,弹出"选择工具箱项"对话框,在该对话框中选择.NET Framwork 组件选项卡,勾选 SqlCommand、SqlCommandBuilder、SqlConnection、SqlDataAdapter 前的复选框,添加这些控件到工具箱中,如图 9.6 所示。

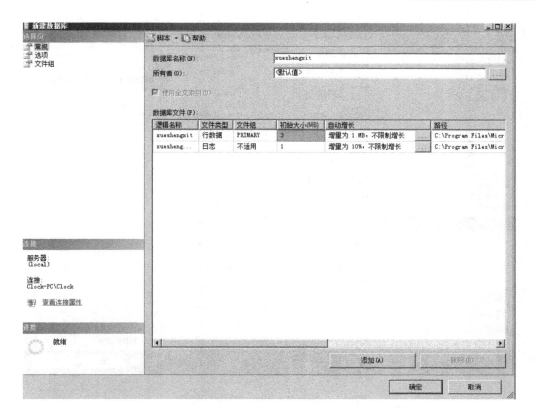

图 9.2 新建数据库 xueshengxit

CLOCK-PC.xu...dbo.Table_1*		
列名	数据类型	允许 Null 值
sid	nchar(10)	☐
sname	nchar(10)	☑
ssex	nchar(1)	☑
		☐

图 9.3 新建表 xsxx

CLOCK-PC.xu...t - dbo.xsxx		
sid	sname	ssex
10040101	张良	男
10040102	吴丽萍	女
NULL	NULL	NULL

图 9.4 在新建的 xsxx 表中输入两条数据

（3）向窗体中添加 SqlConnection 控件,右击设计界面的 SqlConnection1 控件,调出属性面板,单击 ConnectionString 属性右侧的下拉箭头,如图 9.7 所示,选中"新建连接",在弹出的对话框中配置服务器名和数据库名,并进行测试连接,如图 9.8 所示。注意,对于不同的主机,服务器名是不同的,但是数据库名就是前面建立的 xueshengxit 数据库。

图 9.5　新建 Windows 窗体应用程序

图 9.6　选择工具箱项

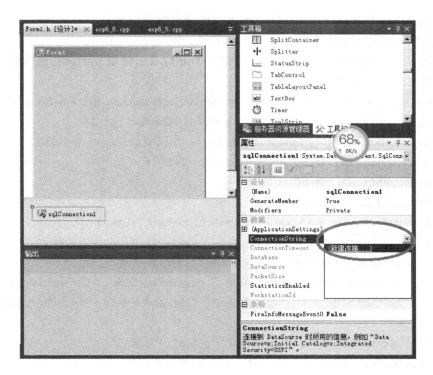

图 9.7　配置 SqlConnection1 控件的 ConnectionString 属性

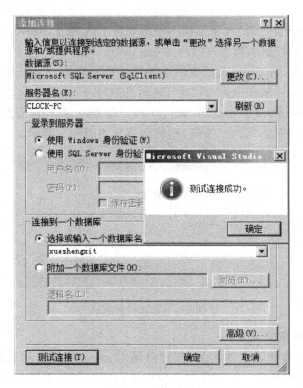

图 9.8　添加连接

（4）在窗体的头文件（Form1.h）中添加引用命名空间的语句：

using namespace System::Data::SqlClient;

（5）向 Form1 窗体中拖放一个命令按钮 button1，双击按钮 button1，进入代码界面，然后对该按钮编写代码如下。

```
private: System::Void button1_Click(System::Object^ sender, System::EventArgs^ e) {
    SqlConnection ^ myconnection = gcnew SqlConnection();
     myconnection - > ConnectionString = L"Data Source = CLOCK - PC; Initial
Catalog = xueshengxit; Integrated Security = True";
    myconnection - >Open();
    String^ myinformation = "";
    if(myconnection - > State = = ConnectionState::Open)
    {
        myinformation += "我的 SqlConnection 的信息是：\n";
        myinformation += "连接字符串：" + myconnection - >ConnectionString + "\n";
        myinformation += "连接的状态是" + myconnection - >State.ToString() + "\n";
    }else
    {    myinformation += "连接失败" + "\n";    }
    MessageBox::Show(myinformation, "连接信息提示：");
}
```

- "data source= CLOCK－PC"表示服务器名，每台计算机的服务器名是不同的。"data source=（local）"表示连接本地服务器上的 SQL Server 数据库。
- "Initial Catalog"表示数据库名称为 xueshengxit。
- "Integrated Security＝True"表示连接登录身份验证，使用 Windows 身份验证。默认是"Integrated Security＝False"，表示 SQL Server 身份验证登录。
- user id 和 Password 表示 SQL Server 用户和密码，此处没有用到。

按"F5"键，运行后单击"命令"按钮，则提示信息如图 9.9 所示。

图 9.9 连接信息提示

2. 常见数据库对象的使用

Command 对象：建立数据连接后，就可以用 Command 对象对数据库中的数据进行查询、插入、删除和更新等操作。该对象包含应用于数据库的所有操作命令，操作命令可以是存储过程、Insert、Delete、Update 等无返回结果的语句和查询等有返回结果的语句；还可将输入和输出参数及返回值用作命令语法的一部分,这些命令都可以通过 Command 对象传递对数据库操作,并返回命令执行结果。Command 对象的属性或方法如表 9.2 所示。

表 9.2　Command 对象的属性或方法

属性或方法	描述
CommandText	设置或获取对数据源执行的 SQL 语句或存储过程
CommandTimeout	超时等待时间
CommandType	设置或获取 CommandText 属性中的语句是 SQL 语句、数据表名,还是存储过程 Text 或不设置:CommandText 表示为 SQL 语句 TableDirect:CommandText 表示数据表名 StoredProcedure:CommandText 值为存储过程
Connection	设置或获取 SqlCommand 的实例用 SqlConnection 设置或获取 OleDbCommand 的实例用 OleDbConnection
Parameters	用来设置 SQL 查询语句或存储过程等的参数
OleDbCommand( )方法	用来构造 OleDbCommand 对象的构造函数,有多种重载形式
SqlCommand( )方法	用来构造 SqlCommand 对象的构造函数,有多种重载形式
ExecuteNonQuery( )方法	用来执行 Insert、Update、Delete 等 SQL 语句,不返回结果集,若目标记录不存在则返回 0,出错则返回 1
ExecuteScalar( )方法	用来执行包含 Count、Sum 等聚合函数的 SQL 语句
ExecuteReader( )方法	执行 SQL 查询语句后的结果集,返回一个 DataReader 对象

【例 9-2】　使用 SqlCommand 对象

本例使用 SqlCommand 对象建立与 SQL Server 数据库 xueshengxit 的连接,且使用 SqlCommand 对象的 ExcuteScalar( )方法统计 xsxx 表中的总人数。向 Form1 中拖放一个 Label 控件(Label1),再拖放一个按钮控件(button1),调出按钮的属性面板,将其中的 Text 属性设定为“查人数”,对按钮的单击事件编程(双击按钮调出对应按钮单击事件处理的代码界面),将下方的代码写入对应的函数体内,运行结果如图 9.10 所示。

```
private: System::Void button1_Click(System::Object^ sender, System::EventArgs^ e) {
    System::Data::SqlClient::SqlConnection^ myconnetion = gcnew System::Data::
        SqlClient::SqlConnection();
    myconnetion->ConnectionString = "Data Source = CLOCK-PC;Initial Catalog =
        xueshengxit; Integrated Security = True";
    try
    {   myconnetion->Open();;
        if (myconnetion->State == ConnectionState::Open)
        {
            String^ sql = "select count( * ) from xsxx"; //注意英文单词之间要有空格
            System::Data::SqlClient::SqlCommand^ cmd = gcnew System::Data::
            SqlClient::SqlCommand( sql,myconnetion);
```

```
        String^ myinformation = "当前的人数是："+ cmd->ExecuteScalar() ->
        ToString() +"人";
        label1->Text = myinformation;
    }
}
catch(System::Data::SqlClient::SqlException^ ex)
{   MessageBox::Show("数据的异常信息是："+ ex->Errors,"提示信息");}
finally
{
    if (myconnetion->State == ConnectionState::Open)
        myconnetion->Close();
}
}
```

注：例 9-1 在使用建立连接对象的语句前，先将使用命名空间的语句放在头文件的代码靠前面的位置，也就是例 9-1 的第 4 步，因为 SqlConnection 控件在命名空间 System::Data::SqlClient 内，所以要使用该命名空间。本例定义连接对象 myconnection 时将整个命名空间 System::Data::SqlClient 放在 SqlConnection 前面，通过作用域运算符（::）来限定，以上这两种方法均可以。

图 9.10　例 9-2 的运行结果

DataReader 对象：DataReader 对象以只读、仅向前的方式提供了一种快速读取数据库数据的方式，该对象仅与数据库建立一个只读的且仅向前的数据流，并在当前内存中每次仅存放一条记录，可用于只需读取一次的数据，即可用于一次性地滚动读取数据库数据。因此，使用 DataReader 对象可提高应用程序的性能，并减少系统开销。

在 DataReader 对象遍历记录时，数据连接必须保持打开状态，直到调用 Close() 方法关闭 DataReader 对象为止。

一般不需要直接创建 SqlDataReader 对象或 OleDbDataReader 对象，而是通过调用 SqlCommand 对象或 OleDbCommand 的 ExecuteReader 方法来获取这些对象。

DataReader 对象的属性、方法如表 9.3 所示。

表 9.3 DataReader 对象的属性、方法

属性、方法	描述
FieldCount	由 DataReader 得到的一行数据的列数
HasRows	判断 DataReader 是否包含数据,返回值为 bool 型
IsClosed	判断 DataReader 是否关闭,返回值为 bool 型
Close( )	关闭 DataReader,无返回值
GetValue( )	根据列索引值,获取当前记录行内指定列的值,返回值为 Object 类型
GetValues( )	获取当前记录行内的所有数据,返回值为 Object 数组
GetDataTypeName( )	根据列索引值,获得数据集指定列的数据类型
GetString( )	根据列索引值,获得数据集 string 类型指定列的值
GetChar( )	根据列索引值,获得数据集 char 类型指定列的值
GetInt32( )	根据列索引值,获得数据集 int 类型指定列的值
GetName( )	根据列索引值,获得数据集指定列的名称,返回 string 类型
NextResult( )	将记录指针指向下一个结果集,要用 Read 方法访问
Read( )	将记录指针指向当前结果集中的下一条记录,返回 bool 型

【例 9-3】 查看学生数据库中 xsxx 表的内容

创建窗体应用程序,查看学生数据库中 xsxx 表的内容。首先按图 9.11 将一个 button 控件和一个 RichTextBox 控件拖放到 Form1 窗体中。然后对 button 控件进行编程,执行结果在 RichTextBox 中。该例是从数据集导入数据读取器。代码如下。

```
private: System::Void button1_Click(System::Object^ sender, System::EventArgs^ e)
{
        System::Data::SqlClient::SqlConnection^ myconnetion = gcnew System::
        Data::SqlClient::SqlConnection();
        myconnetion -> ConnectionString = "Data Source = CLOCK - PC; Initial
        Catalog = xueshengxit; Integrated Security = True";
    try
    {   myconnetion -> Open();;
        if (myconnetion -> State == ConnectionState::Open)
        {
            String^ sql = "select * from xsxx";
            System::Data::SqlClient::SqlCommand^ cmd = gcnew System::Data::
            SqlClient::SqlCommand( sql,myconnetion);
            System::Data::SqlClient::SqlDataReader^ myreader = cmd ->
ExecuteReader();
            DataSet^ myset = gcnew DataSet();
            array < String^> Mytables = gcnew array < String^>{"表一"};
            myset -> Load(myreader,LoadOption::OverwriteChanges,Mytables);
```

```
String^ mystring1 = "将数据从 DataReader 中导入到 DataSet";
String^ mystring = "";
for each(DataTable^ MyTable in myset->Tables)
  {  for each(DataRow^ MyRow in MyTable->Rows)
    {
        mystring = mystring + "\n";
        for (int i = 0;i < MyTable->Columns->Count;i++)
        { mystring = mystring + MyRow[i]->ToString() + " ";  }
         richTextBox1->Text = mystring1 + mystring ;
    }
        myreader->Close();
    }
  }
}
catch(System::Data::SqlClient::SqlException^ ex)
{ MessageBox::Show("数据的异常信息是:" + ex->Errors,"提示信息");}
finally
{   if (myconnetion->State == ConnectionState::Open)
      myconnetion->Close();
}
}
```

运行结果如图 9.11 所示。

图 9.11 例 9-3 的运行结果

有时候链接字符串会有问题,可以以该格式写:

myconnetion->ConnectionString = L"Data Source = PC - - 20140501HHI\SQLEXPRESS;Initial Catalog = 学生;Integrated Security = True" ;

【例 9-4】 查看表的内容及其字段结构

创建窗体应用程序,查看学生数据库中 xsxx 表的内容及其字段结构,使用数据表获取数据读取器的内容。首先从工具箱中拖放一个 DataGridView 控件和一个 button 控件到 Form1 窗体中,拖放 DataGridView 控件时,不需要选择数据源,然后对 button 控件编程,代码如下。

```
private: System::Void button1_Click(System::Object^ sender, System::EventArgs^ e)
{
    String^ mystring = "Data Source = CLOCK - PC; Initial Catalog = xueshengxit;
        Integrated Security = True";
    System::Data::SqlClient::SqlConnection^ myconnetion = gcnew System::Data::
        SqlClient::SqlConnection(mystring);
    String^ sql = "select * from xsxx";
    System::Data::SqlClient::SqlCommand^ cmd = gcnew System::Data::SqlClient::
        SqlCommand( sql,myconnetion);
    try
    {   myconnetion - > Open();;
        if (myconnetion - > State == ConnectionState::Open)
        {
            System::Data::SqlClient::SqlDataReader^ myreader = cmd - >
            ExecuteReader();
            DataTable^ myTable = gcnew DataTable;
            myTable - > Load(myreader);
            this - > dataGridView1 - > DataSource = myTable;
            myreader - > Close();
        }
    }
    catch(System::Data::SqlClient::SqlException^ ex)
    { MessageBox::Show("数据的异常信息是: " + ex - > Errors,"提示信息");}
    finally
    {
        if (myconnetion - > State == ConnectionState::Open)
        myconnetion - > Close();
    }
}
```

运行结果如图 9.12 所示。

DataSet 对象:上面介绍了使用 DataReader 读取数据,但是数据读取器只能从数据库中获取一个只读的,并且向前读取数据,也不能对数据源进行修改,而 DataSet 对象却可以完成数据源的读和写的操作。

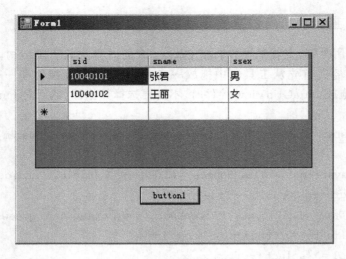

图 9.12 例 9-4 的运行结果

DataSet 对象是支持 ADO. NET 的断开、分布式数据方案的核心对象。由于它在获得数据或更新数据后立即与数据库断开,因此程序员能用它实现高效的数据库访问和操作。DataSet 对象是数据的内存驻留表示形式,无论数据源是什么,都会提供一致的关系编程模型。

DataSet 独立于数据源,它的结构与关系数据库类似,也是由表(DataTable)、行(DataRow)和列(DataColumn)等对象构成的层次结构,在数据集中还包含约束(Constraint)和关系(DataRelation)。

DataSet 对象有一个 Tables 集合属性,该属性为 DataTableCollection 类型,它的每个成员都是 DataTable 对象,访问它的 DataTable 成员有以下两种方式。

- DataSet—>Tables["Tablename"],其中 Tablename 表示要访问的表的名字。
- DataSet—>Tables[i],其中 i 表示某一个表所对应的索引号,索引号从 0 开始计算。

一个数据集对象中可以包含多个 DataTable,通过 DataRelation 设置这些 DataTable 之间的关系。表 9.4 是 DataTable 对象的常用属性和方法,其中 Rows、Columns 中包含的常用方法如表 9.5 所示。表(DataTable)的结构是通过表的列(DataColumn)表示的。DataColumn 对象的常用属性如表 9.6 所示。

表 9.4 DataTable 对象的常用属性和方法

常用属性和方法	描述
Rows	设置或获取当前 DataTable 内的所有行
Columns	设置或获取当前 DataTable 内的所有列
AcceptChanges( )	提交自上次调用 AcceptChanges( )方法以来对当前表进行的所有更改
Clear( )	清除 DataTable 里原来的数据,通常在获取新的数据前调用
Load(IDataReader reader)方法	通过参数中的 IDataReader,把对应数据源里的数据装载到 DataTable 内
Merge(DataTable table)方法	把参数中的 DataTable 和当前 DataTable 合并
NewRow( )方法	为当前的 DataTable 增加一个新行,返回表示行的 DataRow 对象
Select( )方法	选择符合筛选条件、与指定状态匹配的 DataRow 对象组成的数组

表 9.5　Rows、Columns 的常用方法

Rows 常用方法	Rows 常用方法描述	Columns 常用方法	Columns 常用方法描述
Add( )	向表(DataTable)中添加新行	Add( )	把新建的列添加到集合中
InsertAt( )	向表中添加新行到索引号的位置	AddRange( )	把 DataColumn 类型的数组添加到列集合中
Remove( )	删除指定的行(DataRow)对象	Remove( )	把指定的列从列集合中移除
RemoveAt( )	根据索引号删除指定位置的行	RemoveAt( )	把指定索引位置的列从列集合中移除

表 9.6　DataColumn 对象的常用属性

属性	描述
AllowDBNull	是否允许当前列为空
AutoIncrement	是否为自动编号
Caption	设置或获取列的标题
ColumnName	列的名字
DataType	列的数据类型
DefaultValue	列的默认值
MaxLength	文本的最大长度

　　数据保存在 DataTable 的 Rows 属性中,而数据行使用 DataRow 来表示。DataRow 对象的常用属性和方法如表 9.7 所示。

表 9.7　DataRow 对象的常用属性和方法

属性和方法	描述
RowState	当前行的状态(包括 Added、Deleted、Modified、Unchanged)
AcceptChanges( )	提交自上次 AcceptChanges( )方法以来对当前行的所有修改
Delete( )	删除当前的 DataRow 对象
RejectChanges( )	拒绝自上次执行 AcceptChanges( )方法以来对当前行的所有修改
BeginEdit( )	开始对当前 DataRow 对象的编辑操作
CancelEdit( )	撤销对当前 DataRow 对象的编辑操作
EndEdit( )	结束对当前 DataRow 对象的编辑操作

　　DataAdapter 对象:DataAdapter 对象在 DataSet 与数据源之间起到桥梁的作用。DataAdapter 对象使用 Fill( )方法将数据填充到 DataSet 的 DataTable 中去,还可以将 DataSet 的数据更改送回数据源。

　　DataAdapter 对象隐藏了与 Connection 和 Command 对象操作的细节。DataAdapter 使用 Connection 来连接数据源并取出数据,使用 Command 对象从数据源中检索数据并将更改保存到数据源中。

　　在需要处理大量数据的场合,一直保持与数据库服务器的连接会带来许多不便,这时可以使用 DataAdapter 对象,以无连接的方式完成数据库与本机 DataSet 之间的交互。通常使用 OleDbDataAdapter 对象、SqlDataAdapter 对象。DataAdapter 对象的属性、方法如表 9.8 所示。

表 9.8　DataAdapter 对象的属性、方法

DataAdapter 对象的属性/方法	描述
DeleteCommand	设置或获取 SQL 语句或存储过程,用于数据集删除记录
InsertCommand	设置或获取 SQL 语句或存储过程,用于将新记录插入数据源中
SelectCommand	设置或获取 SQL 语句或存储过程,用于选择数据源中的记录
UpdateCommand	设置或获取 SQL 语句或存储过程,用于更新数据源中的记录
Fill( )方法	将数据源数据填充到本机的 DataSet 或 DataTable 中,填充后完成自动断开连接
Update( )方法	把 DataSet 或 DataTable 中的处理结果更新到数据库中

【例 9-5】　创建使用无连接的表

利用 DataGridView 对象和 DataTable 对象的 Rows、Columns 属性的 Add( )方法,完成向表中添加列、行及显示数据。运行结果如图 9.13 所示,代码如下。

```
private: System::Void button1_Click(System::Object^ sender, System::EventArgs^ e)
    {
        DataGridView^ dgv1 = gcnew DataGridView();
        this->Controls->Add(dgv1);//向窗体中添加 DataGridView 对象 dgv1
        DataTable^ table = gcnew DataTable();
        array<DataColumn^>^ mycolum = gcnew array<DataColumn^>(1);
        DataColumn^ mycolumn = gcnew DataColumn();
        mycolumn->ColumnName = "ID";
        mycolumn->DataType = System::Type::GetType("System.Int32");
        table->Columns->Add(mycolumn);
        mycolum[0] = mycolumn;
        table->PrimaryKey = mycolum;
        table->Columns->Add("姓名",String::typeid);
        table->Columns->Add("电话号码",String::typeid);
        table->Columns->Add("工作单位",String::typeid);
        DataRow^ row = table->NewRow();
        row["ID"] = 85862;
        row["姓名"] = "苏桐";
        row["电话号码"] = "010822222";
        row["工作单位"] = "人民大学";
        table->Rows->Add(row);
        row = table->NewRow();
        row["ID"] = 85863;
        row["姓名"] = "梧桐";
        row["电话号码"] = "010866920";
        row["工作单位"] = "北京大学";
```

```
table -> Rows -> Add(row);
dgv1 -> DataSource = table;
}
```

图 9.13 例 9-5 的运行结果

【例 9-6】 SqlDataAdapter 对象

创建窗体应用程序,利用 SqlDataAdapter 对象和 DataGridView 控件实现数据库内容的显示和交互式更新。按照例 9-1 第 1 步所示在 xueshengxit 数据库中创建两张新表 course 和 sc,如图 9.14 和图 9.15 所示。注意,在 sc 表中,主键为 cid 和 sid 的组合键,可以按住"Shift"键,选择 cid 和 sid 行,单击鼠标右键,在弹出的快捷菜单中选择"设置主键"就可以将 cid 和 sid 设为组合主键。组合主键表示,只有这两个主键联合起来才能唯一确定表中剩下字段的值。以本题为例,要确定一个成绩(score),必须知道学号(sid)和课程号(cid),而且学号和课程号联合起来能唯一确定一个成绩。另外,cname 表示课程名。创建了两张表后,按图 9.16 和图 9.17 输入部分数据。

	列名	数据类型	允许 Null 值
🔑	cid	nchar(3)	☐
	cname	nchar(10)	☑
▶			☐

图 9.14 course 表用于描述课程信息

	列名	数据类型	允许 Null 值
🔑	cid	nchar(3)	☐
🔑	sid	nchar(10)	☐
	score	real	☑
▶			☐

图 9.15 sc 表用于描述选课信息

	cid	sid	score
▶	001	10040101	85
	002	10040101	90
	003	10040101	86
	001	10040102	90
	002	10040102	70
*	NULL	NULL	NULL

图 9.16 选课表(sc)中的数据

	cid	cname
▶	001	经济学
	002	语文
	003	英语
	004	C语言
	005	面向对象
	006	数据库原理
	007	数据结构
	008	保险学
*	NULL	NULL

图 9.17 课程表(course)中的数据

设计时在 Form1 空白处单击鼠标右键,打开属性窗口,再将 BackColor 设为浅蓝色。向窗体中添加 MenuStrip 控件和 DataGridView 控件,并将 DataGridView 的 Dock 属性设置为 Bottom(选择 Dock 右方的下拉箭头,在弹出的图片中选择中间的正方形下面的长方形),使之充满窗口,不要遮挡上方的两个文本框和 label 标签,设计好的界面如图 9.18 所示。运行时单击"查看"菜单项,在窗口中显示指定数据库表的内容,对表中内容进行追加、

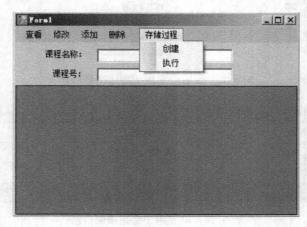

图 9.18 例 9-6 的界面

修改等操作,按"Enter"键确认之后,单击"保存修改"菜单项,就能将更新结果保存到数据源中。下面是针对界面中各个控件的编程。

(1) 按例 9-1 第(4)步操作。

(2) menuStrip1 控件的"查看"菜单项的代码如下。

```
private: System::Void 查看 ToolStripMenuItem_Click(System::Object^ sender,
        System::EventArgs^ e)
{
  String^ mystring = "Data Source = CLOCK - PC;Initial Catalog = xueshengxit;
  Integrated Security = True";
  SqlConnection^ myconnetion = gcnew SqlConnection(mystring);
  String^ sql = "select * from course";
  DataTable^ ourtable = gcnew DataTable();
  SqlDataAdapter^ ourda = gcnew SqlDataAdapter( sql,myconnetion);
  try
  {
    ourda->Fill(ourtable);
    this->dataGridView1->DataSource = ourtable;
  }
    catch(System::Data::SqlClient::SqlException^ ex)
    { MessageBox::Show("数据的异常信息是:" + ex->Errors,"提示信息"); }
}
```

运行界面如图 9.19 所示。

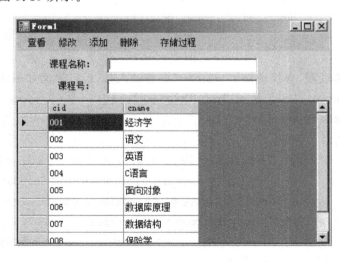

图 9.19　运行"查看"菜单项的结果

(3) 创建存储过程代码,注意在运行此程序时,创建存储过程菜单只能运行一次,一旦运行一次,就会在数据库中创建存储过程 findcourse,如果再次运行就会报错,因为该存储过程不能被重复创建。

```
private: System::Void 创建 ToolStripMenuItem_Click(System::Object^ sender,
        System::EventArgs^ e)
    {
        String^ prostring = " create procedure findcourse" + " @cname
        varchar(20),@mycount int output" + " as select @mycount = count
        (*) from sc,course where sc.cid = course.cid and cname = @cname ";
            MessageBox::Show(prostring );
        String^ mystring = " Data Source = CLOCK - PC; Initial Catalog =
        xueshengxit;Integrated Security = True";
            System::Data::SqlClient::SqlConnection^ myconnetion = gcnew
                System::Data::SqlClient::SqlConnection(mystring);
            System::Data::SqlClient::SqlCommand^ cmd = gcnew SqlCommand
                (prostring,myconnetion);
            try
            {
                    myconnetion->Open();
                cmd->ExecuteNonQuery();
            }
            catch(System::Data::SqlClient::SqlException^ ex)
            {MessageBox::Show("数据异常信息是:" + ex->Errors,"提示信息");}
            finally
            {myconnetion->Close();
            MessageBox::Show("成功");
            }
    }
```

(4) 执行存储过程,查找选修了"经济学"课程的人数,运行界面如图 9.20 所示。

```
private: System::Void 执行 ToolStripMenuItem_Click(System::Object^ sender,
        System::EventArgs^ e)
    {
        String^ mystring = " Data Source = CLOCK - PC; Initial Catalog =
                            xueshengxit;Integrated Security = True";
        System::Data::SqlClient::SqlConnection^ myconnetion = gcnew System::
        Data::SqlClient::SqlConnection(mystring);
        System::Data::SqlClient::SqlCommand^ cmd = gcnew SqlCommand
        ("findcourse",myconnetion);
        cmd->CommandType = CommandType::StoredProcedure;
        cmd->Parameters->Add("@cname", SqlDbType::VarChar,20);
        cmd->Parameters["@cname"]->Value = textBox1->Text;
        cmd->Parameters["@cname"]->Direction = ParameterDirection::Input;
```

```
cmd -> Parameters -> Add("@mycount", SqlDbType::Int);
cmd -> Parameters["@mycount"] -> Direction = ParameterDirection::Output;
DataTable^ ourtable = gcnew DataTable();
SqlDataAdapter^ ourda = gcnew SqlDataAdapter( cmd);
 try
{
    ourda -> Fill(ourtable);
    this -> dataGridView1 -> DataSource = ourtable;
    String^ str = "符合查找条件的记录共有:" + cmd -> Parameters["@
    mycount"] -> Value -> ToString() + "条";
    MessageBox::Show(str,"信息提示",MessageBoxButtons::OK);
}
catch(System::Data::SqlClient::SqlException^ ex)
{MessageBox::Show("数据异常信息是 " + ex -> Errors,"提示信息");}
}
```

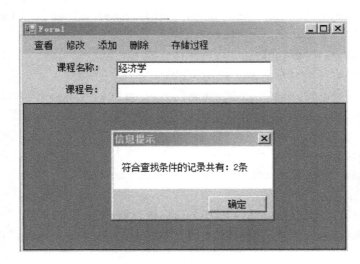

图 9.20 运行"执行"菜单项后的结果

（5）修改课程数据。

```
private: System::Void 修改 ToolStripMenuItem_Click(System::Object^ sender,
        System::EventArgs^ e) {
    String^ mystring = "Data Source = CLOCK - PC; Initial Catalog = xueshengxit;
        Integrated Security = True";
    SqlConnection^ myconnetion = gcnew SqlConnection(mystring);
    String^ sql = "update course set cname = '" + textBox1 -> Text + "' where cid =
        '" + textBox2 -> Text + "'";
    MessageBox::Show(sql);
    DataTable^ ourtable = gcnew DataTable();
```

```
SqlDataAdapter^ ourda = gcnew SqlDataAdapter( sql,myconnetion);
try
{
    ourda->Fill(ourtable);
    this->dataGridView1->DataSource = ourtable;
}
catch(System::Data::SqlClient::SqlException^ ex)
    {MessageBox::Show("数据的异常信息是:" + ex->Errors,"提示信息");}
}
```

（6）添加课程数据。

```
private: System::Void 添加 ToolStripMenuItem_Click(System::Object^ sender,
        System::EventArgs^ e) {
    String^ mystring = "Data Source = CLOCK - PC;Initial Catalog = xueshengxit;
        Integrated Security = True";
    SqlConnection^ myconnetion = gcnew SqlConnection(mystring);
    String^ sql = "insert into course ( cid,cname) values('" + textBox2->Text
        + "','" + textBox1->Text + "')";
    MessageBox::Show(sql);
    DataTable^ ourtable = gcnew DataTable();
    SqlDataAdapter^ ourda = gcnew SqlDataAdapter( sql,myconnetion);
    try
    {
        ourda->Fill(ourtable);
        this->dataGridView1->DataSource = ourtable;
    }

    catch(System::Data::SqlClient::SqlException^ ex)
    {MessageBox::Show("数据的异常信息是:" + ex->Errors,"提示信息");}
}
```

（7）删除课程数据。

```
private: System::Void 删除 ToolStripMenuItem_Click(System::Object^ sender,
        System::EventArgs^ e) {
    if (Windows::Forms::DialogResult::OK! = MessageBox::Show("确定要删除记录
        吗?","删除", MessageBoxButtons::OKCancel))
    {      return;      }
    String^ mystring = "Data Source = CLOCK - PC;Initial Catalog = xueshengxit;
                    Integrated Security = True";
    SqlConnection^ myconnetion = gcnew SqlConnection(mystring);
    String^ sql = "delete course where cname = '" + textBox1->Text + "'";
    MessageBox::Show(sql);
```

```
DataTable^ ourtable = gcnew DataTable();
SqlDataAdapter^ ourda = gcnew SqlDataAdapter( sql,myconnetion);
try
{
    ourda->Fill(ourtable);
    this->dataGridView1->DataSource = ourtable;
}
catch(System::Data::SqlClient::SqlException^ ex)
{MessageBox::Show("数据的异常信息是:"+ex->Errors,"提示信息");}
}
```

注:本例考查了 SqlDataAdapter 对象的使用、存储过程的使用(关于数据库的更多知识请参看相关数据库的书籍,如参考文献[3])、数据库的增删改查操作。需要注意的是,本例存在两个问题:一是只能对课程的信息进行增删改查;二是只能依据字段"课程号"修改字段"课程名"。如何对学生的信息和选课的信息做相同的操作呢?如何依据字段"课程名"修改字段"课程号"?方法有很多,附录 3 介绍了其中的一种方法。

3. 绑定窗体控件值和数据库字段

数据绑定可以使用 C++.NET 提供的工具或以编程的方式绑定控件来实现。Visual C++自身没有类库,和其他的.NET 开发语言一样,Visual C++调用的类库是.NET 框架中的一个共有的类库——.NET FrameWork SDK。ADO.NET 是.NET FrameWork SDK 提供给.NET 开发语言进行数据库开发的一个系列类库的集合。在 ADO.NET 中虽然提供了大量的用于数据库连接、数据处理的类库,但没有提供类似于 Delphi 的 DbText 组件、DbListBox 组件、DbLable 组件、DbCombox 组件等。要想把数据记录以 ComBox、ListBox 等形式显示出来,使用数据绑定技术是最为方便、最为直接的方法。所谓数据绑定技术,就是把已经打开的数据集中某个或者某些字段绑定到组件的某些属性上面的一种技术。具体来说,就是把已经打开数据集的某个或者某些字段绑定到 TextBox 组件、ListBox 组件、ComboBox 组件的某属性上面,显示某个或者某些字段数据。当对组件完成数据绑定后,其显示字段的内容将随着数据记录指针的变化而变化。这样程序员就可以定制数据显示方式和内容,从而为以后的数据处理做好准备。所以说数据绑定是 Visual C++进行数据库编程的基础和最为重要的第一步。只有掌握了数据绑定方法,才可以很方便地对已经打开的数据集中的记录进行浏览、删除、插入等具体的数据操作、处理。

数据绑定根据不同组件可以分为两种,一种是简单型的数据绑定,另一种是复杂型的数据绑定。所谓简单型的数据绑定,就是绑定后组件显示出来的字段只是单个记录,这种绑定一般使用在显示单个值的组件上,如 TextBox 组件或 Label 组件。而复杂型的数据绑定就是绑定后的组件显示出来的字段是多个记录的,这种绑定一般使用能显示多个值的组件上,如 ComboBox 组件、ListBox 组件等。下面介绍如何用 Visual C++实现这两种绑定在数据库的选择上,为了使内容更加全面,采用当下比较流行的两种数据库,一种是本地数据库 Access 2000,另一种是远程数据库 SQL Server 2008。

数据绑定的一般步骤如下。

• 无论是简单型的数据绑定,还是复杂型的数据绑定,要实现绑定的第一步都是要连接数据库,得到可以操作的 DataSet。

· 根据不同组件,采用不同的数据绑定。

简单数据绑定:对于简单型的数据绑定,数据绑定的方法比较简单,在得到数据集以后,一般把数据集中的某个字段绑定到组件的显示属性上面,如绑定到 TextBox 组件或 Label 组件的 Text 属性。

【例 9-7】 简单数据绑定

单击窗体中的"Button1"按钮,在 textBox1 控件中显示 xueshengxit 数据库的 sc 表中 sc. sid 列的数据(简单绑定)。具体实现方法如下。

(1) 设置连接 xueshengxit 数据库的连接字符串,并保存到 mystring 变量中。

(2) 创建 SqlConnection 类的实例 myconnetion,它将用于连接 xueshengxit 数据库。

(3) 设置 myconnetion 实例的 ConnectionString 属性的赋值为 connectionstring 变量的值,即设置该连接的连接字符串。

(4) 设置查询 sc 表中的数据的 SQL 语句"select * from sc",并保存到 sql 变量中。

(5) 创建执行 SQL 语句的数据适配器 ourda,它使用了 sql 变量和 myconnetion 实例。

(6) 创建 DataSet 对象 ourSet。

(7) 在 try 语句中,调用 ourda 实例的 Fill( )方法填充 ourSet 对象。如果失败,则在 catch 块中显示失败的信息。

(8) 绑定 textBox。

(9) 编写其他按钮的单击事件。

```
private: BindingManagerBase^ mybind;
    private: System::Void Form1_Load(System::Object^ sender, System::EventArgs^ e)
        {
            String^ mystring = "Data Source = CLOCK - PC; Initial Catalog =
                xueshengxit; Integrated Security = True";
            System::Data::SqlClient::SqlConnection^ myconnetion = gcnew
                System::Data::SqlClient::SqlConnection(mystring);
            String^ sql = "select * from sc";
            DataSet^ ourSet = gcnew DataSet();
            SqlDataAdapter^ ourda = gcnew SqlDataAdapter( sql, myconnetion);
            try
            {
            ourda -> Fill(ourSet, "xuanke");
                this -> textBox1 -> DataBindings -> Add(gcnew Binding("Text",
                    ourSet, "xuanke.sid"));
                this -> textBox2 -> DataBindings -> Add(gcnew Binding("Text",
                    ourSet, "xuanke.cid"));
                this -> textBox3 -> DataBindings -> Add(gcnew Binding("Text",
                    ourSet, "xuanke.grade"));
```

```
                mybind = groupBox1 -> BindingContext[ourSet, "xuanke"];
            }
            catch(System::Data::SqlClient::SqlException^ ex)
            {MessageBox::Show("数据的异常信息是:" + ex -> Errors,"提示信息");}
        }
    private: System::Void button1_Click(System::Object^ sender, System::EventArgs^ e)
            {  this -> mybind -> Position = 0;   }
    private: System::Void button3_Click(System::Object^ sender, System::EventArgs^ e)
            {  if (mybind -> Position > 0) this -> mybind -> Position -- ;   }
    private: System::Void button4_Click(System::Object^ sender, System::EventArgs^ e)
            {  if (mybind -> Position < mybind -> Count - 1)this -> mybind -> Position ++ ;   }
    private: System::Void button2_Click(System::Object^ sender, System::EventArgs^ e)
            {  mybind -> Position = mybind -> Count - 1;   }
```

运行结果如图 9.21 所示。

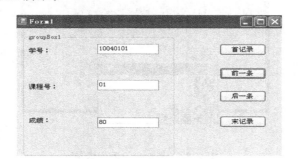

图 9.21　例 9-7 的运行结果

　　复杂数据绑定:该绑定一般是通过设定其某些属性值来实现绑定的。复杂数据绑定是把一个基于列表的用户界面控件绑定到一个数据实例列表,或者说允许将多个数据元素绑定到一个控件。复杂数据绑定可以绑定数据源中的多行或多列。支持复杂数据绑定的控件有数据网格控件、列表框、组合框。和简单数据绑定一样,复杂数据绑定通常也是用户界面控件绑定的值发生改变时传达到数据列表,数据列表发生改变时传达到用户界面元素。

【例 9-8】　复杂数据绑定

　　在窗体的"Load"事件中编写程序,使 comboBox1 控件中能显示 xueshengxit 数据库的course 表中 cname 列的数据。使用 comboBox1 的 DataSource、DisplayMember、ValueMember 属性。运行结果如图 9.22 所示,代码如下。

```
    private: System::Void Form1_Load(System::Object^ sender, System::EventArgs^ e)
            {
                String^ mystring = "Data Source = CLOCK - PC;Initial Catalog =
                            xueshengxit;Integrated Security = True";
                System::Data::SqlClient::SqlConnection^ myconnetion = gcnew
```

```
                    System::Data::SqlClient::SqlConnection(mystring);
      String^ sql = "select * from course";
      DataSet^ ourSet = gcnew DataSet();
      SqlDataAdapter^ ourda = gcnew SqlDataAdapter( sql,myconnetion);
      try
      {   ourda->Fill(ourSet,"kecheng");   }
      catch(System::Data::SqlClient::SqlException^ ex)
      {MessageBox::Show("数据异常的信息是 " + ex->Errors,"提示信息");}
      comboBox1->DataSource = ourSet;
    comboBox1->DisplayMember = "kecheng.cname";
    comboBox1->ValueMember = "kecheng.cname";
      }
```

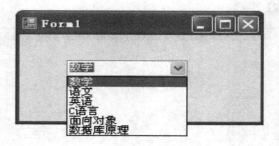

图 9.22 例 9-8 的运行结果

DataGridView 控件创建 DataGridView 实例:

DataGridView^ dgv = gcnew DataGridView();

或者在工具箱中向窗体中添加 DataGridView 控件,图标为 ![DataGridView]。

前面的例题中已经使用了 DataGridView,这里不在介绍。这里介绍如何为 DataGridView 的 CellClick 事件中添加事件的处理程序,从而获取用户使用鼠标单击 DataGridView 控件的单元格的值。

【例 9-9】 DataGridView 控件的某个单元格单击事件

在例 9-6 中执行"查看课程数据"菜单项后单击 DataGridView 控件的某个单元格,运行结果如图 9.23 所示,代码如下。

```
private: System::Void dataGridView1_CellClick(System::Object^  sender,
        System::Windows::Forms::DataGridViewCellEventArgs^  e)
    {
String^ str = this->dataGridView1->Rows[e->RowIndex]->Cells[e->
        ColumnIndex]->Value->ToString();
```

MessageBox::Show("刚选择的是" + e - > RowIndex + "行" + e - > ColumnIndex + "列"
+ ",它的值是:" + str);
}

图 9.23 例 9-9 的运行结果

第10章 网络编程

在了解 VC. NET 网络编程前,需要先了解计算机网络通信的模型。为使网络设计尽量简单化,通常多数网络采用分层设计的方法。分层设计方法按照信息的流动过程将网络分为不同的功能层,在同一台计算机上相邻功能层之间通过接口传递信息,相邻的两层之间通过服务进行单向操作;对于不同的计算机,需要相同层之间采用相同的协议通过接口来传递信息。

1. OSI 七层网络模型

OSI 网络模型是一个开放式系统互连的参考模型,它把网络协议从逻辑上分为七层,每一层有与之相对应的物理设备。例如,常规的路由器是三层交换设备,常规的交换机是二层交换设备。

OSI 七层网络模型从第一层到第七层分别是物理层、数据链路层、网络层、传输层、会话层、表示层、应用层,如图 10.1 所示。

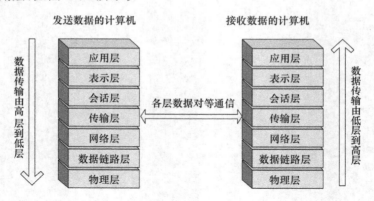

图 10.1 OSI 七层网络模型

应用层:表示应用程序接口,提供多种应用服务,如信报处理系统(MHS)、文件传输访问管理(FATM)、虚拟终端(VT)等。应有层的主要协议有 FTP、SMTP、DNS、HTTP。

表示层:将传输的数据以某种格式进行表示,为异种机通信提供一种公共语言,以便能进行互操作,如 ASCII、JPEG、MP3 等。

会话层:建立物理网络的连接。会话层提供的服务可使应用建立和维持会话,使会话同步。

传输层:进行信息的网络传输,协议有 UDP/TCP。传输层用于接收会话层的数据,保证数据传输的完整性,选择服务类型,如面向有连接的服务 TCP 和面向无连接服务 UDP。

网络层:负责控制数据链路层与传输层之间的信息转发,建立、维持和终止网络的连接,就是将数据链路层的数据在该层转换为数据包,通过路径选择、分段组合等控制,将信息从一个网络设备传送到另一个网络设备。当数据终端增多时,它们之间通过中继设备相连,此时会出现一台终端与多台终端设备的通信,需要把任意两台数据终端设备的数据链路连接起来,即路由选择。有时一条物理信道被一对用户建立并使用,浪费了许多空闲时间,可以使用数据报技术和虚电路技术,使更多用户能够共用该条信道。网关、路由器是该层的主要设备。

数据链路层:在物理层提供的比特流的基础上,通过差错控制、流量控制方法,使有差错的物理线路变为无差错的数据链路。差错检测主要通过循环冗余码校验实现,帧丢失可以采用序号检测,各种错误恢复通常依靠反馈重发技术完成。流量控制是为了防止高速发送方的数据将低速接收方的数据"淹没"。

物理层:利用传输介质为数据链路层提供物理连接,实现比特流的传输。物理层在信道上传输原始比特流,设计时甲方发出二进制"1",在乙方接收也一定是二进制"1",而不能是其他。

物理层需要考虑:用多少伏电压表示"1",多少伏电压表示"0";一个比特持续的时间;传输的方向(是单向还是双向);物理连接如何建立,通信结束后如何终止连接;接线器的形状、尺寸、引线数目。

尽管通信媒体不属于物理层,但一般将其放在物理层讨论,目前主要的通信媒体有双绞线、同轴电缆、光纤等有线通信线路和微波、通信卫星等无线通信线路。

在此简单介绍一下网线的制作。网线是由一定长度的双绞线和RJ45头组成的,双绞线有8根不同颜色的线分成4对绞合在一起,成对扭绞的作用是尽量减少电磁辐射与外部电磁干扰的影响。双绞线有两种标准化线序,如图10.2所示。

- 568A标准:绿白,绿,橙白,蓝,蓝白,橙,棕白,棕。
- 568B标准:橙白,橙,绿白,蓝,蓝白,绿,棕白,棕。

交叉线是指一端是568A标准,另一端是568B标准的双绞线。

直连线是指两端都是568A标准或者都是568B标准的双绞线。

通常同层设备相连用交叉线,不同层设备相连用直连线。

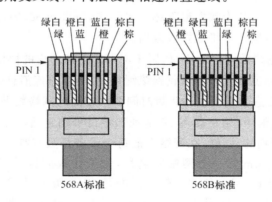

图 10.2　不同标准的连线方式

2. TCP/IP 模型

TCP/IP 模型是 ARPANET(Advanced Research Projects Agency Network)和其后继

的因特网使用的参考模型。TCP/IP 是一组用于实现网络互通的通信协议,一般 TCP/IP 模型为四层的层级结构,这四层分别是网络接口层、网络互连层、传输层和应用层。

网络接口层与 OSI 参考模型中的物理层和数据链路层相对应。其指定如何通过网络实际发送数据,包括直接与网络媒体接触的硬件设备如何将比特流转换成电信号。网络接口层的协议有以太网、令牌环、FDDI、X. 25、帧中继、RS-232、V. 35 协议。

网络互连层与 OSI 参考模型中的网络层相对应。其将数据装入 IP 数据报,包括用于在主机间以及经过网络转发数据报时所用的源和目标的地址信息,实现 IP 数据报的路由。网络互连层的协议有 IP、ICMP、ARP、RARP。

传输层与 OSI 参考模型中的传输层相对应。其提供主机之间的通信会话管理。定义了传输数据时的服务级别及连接的状态。传输层的协议有 TCP、UDP、RTP。

应用层对应 OSI 参考模型中的高层,定义了 TCP/IP 应用协议以及主机程序与要使用网络的传输层服务之间的接口。应用层的协议有 HTTP、Telnet、FTP、SNMP、DN、SMTP 等。

3. 网络通信协议

通信的作用是完成通信双方的信息交换,而目前几乎所有的信息都是以数据形式存在的,因此通信的基本作用就是完成通信双方的数据交换。当计算机、终端等与其他数据处理设备进行数据交换时,需要遵循一定的规则。

网络协议是网络上所有设备之间通信规则的集合,它规定了通信时信息必须采用的格式及这些格式的意义。其中最重要的也是流行最广泛的协议是 TCP/IP 协议。

TCP/IP 协议(Transmission Control Protocol/Internet Protocol,传输控制协议/因特网互联协议)由网络层的 IP 协议和传输层的 TCP 协议组成。

TCP 协议是基于面向连接的可靠的通信协议。应用层向 TCP 层发送用于网间传输的数据流,TCP 把数据流分隔成适当长度的报文包,再把结果传给 IP 层,由它来通过网络将包传送给接收端实体的 TCP 层。在发送数据包时,它给每个字节设置一个序号,保证传送到的数据按照序号接收,接收端对已经成功收到的包发回一个相应的确认,如果发送端在某个时间内没有收到确认,就认为数据被破坏或者丢失,需要重发,因此其具有重发机制。当数据被破坏或者丢失时,发送方将重发该数据。

UDP 协议是基于用户数据报的协议,属于不可靠连接通信的协议,当用户使用 UDP 协议发送一条消息时,不知道接收方是否收到该消息,也不知道该消息是否有部分或者全部的数据被损坏。UDP 协议通常应用在一些对时间要求较高的网络数据传输方面。

在 TCP/IP 协议通信中,用户使用 IP 地址和端口号确定通信双方。在电话通信中,用户通信是靠电话号码识别的,同样,在网络上的每个设备都具有唯一的 Internet 地址,即 IP 地址。例如,www. 163. com 是一个网站的名称,为了让人们容易记忆,它是 IP 地址的别名。而对于真正的 IP 地址,目前使用比较广泛的是 IPv4 版本,即 IP 地址的长度为 32 位,32 位的 IP 地址用点分十进制标记法表示,在占 4 个字节的 IP 地址中,每个字节用十进制表示,取值范围在 0 到 255 之间。最低的 IP 地址是 0.0.0.0,表示所有未知的主机和目的网络;IP 地址 255.255.255.255 是一个限制的广播地址,它允许对本地网络端上的所有主机进行广播。另外一种 IP 地址是 IPv6 版本,每个 IP 地址由 128 位二进制数表示,但该版本的使用不是很普遍。

通常,每台计算机中运行着多个网络程序,例如,用户一边使用浏览器访问某个学校的主页,一边用 QQ 和朋友聊天,或者用 SKYPE 和家人视频通话,此时,该计算机接收或者发送不同的信息而不会产生错误,就需要靠端口来保证了。端口号的设置范围为 0～65535。不同的网络程序使用不同的端口。IP 地址与端口号的结合使用就可以唯一地表明网络中的某个网络应用程序,这样即便有多个网络应用程序同时使用,也不会发生错误。另外,TCP 和 UDP 的端口号是互不影响的,即 TCP 使用了某个端口号,UDP 仍然可以使用同一个端口号。

4. 套接字介绍

在网络中,两个程序通过一个双向的通信连接实现数据的交换,这个双向链路的一端称为一个套接字(Socket),两台计算机用一对关联的 Socket 连接后,就形成了一个数据的通道,它们之间就可以进行数据通信了。在 VC. NET 中使用 CLR 进行编程时,需要使用 System::Net 命名空间为当前网络中使用的多种协议提供简单的编程接口。System::Net::Socket 命名空间提供了 Socket 类、TcpClient 类、TcpListener 类、UdpClient 类、NetworkStream 类等。

【例 10-1】　使用 Socket 建立一个简单的聊天室应用程序

(1) 创建服务器项目。创建一个 Windows 窗体应用程序,在新建项目页面写上项目名称 Server 和解决方案名称 Connect(此处先写上项目名称,再改解决方案名称),如图 10.3 所示。

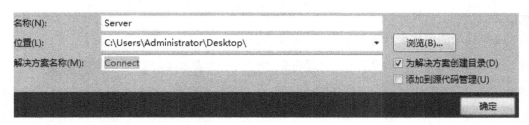

图 10.3　创建服务器项目

在解决方案资源管理器中选中"解决方案 Connect",在属性窗口中可以看到其启动项目是"Server"项目,如图 10.4 所示。

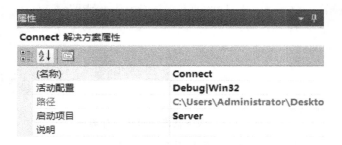

图 10.4　解决方案的启动项目为 Server 项目

在窗体中添加控件,控件的各个属性如表 10.1 所示。

表 10.1 服务器窗体的控件及其属性

控件名称	属性	属性值	用途	类
label1	Text	服务器 IP 地址:		Label
label2	Text	端口号:		Label
label3	Text	服务器状态:		Label
label4	Text	要发送的消息:		Label
label5	Text	历史消息:		Label
btnStartServer	Text	启动服务器侦听	启动服务器侦听	Button
btnSendMSG	Text	发送消息	发送消息	Button
btnReceiveMSG	Text	接收客户消息	接收客户消息	Button
btnCloseServer	Text	关闭消息	关闭消息	Button
tbIP	Text	127.0.0.1	用于填写服务器的 IP 地址	TextBox
tbPort	Text	13500	用于填写服务器的端口号	TextBox
tbServerStatus	Text		用于显示服务器的连接状态	TextBox
tbMSGTobeSent	Text		将要发送的消息	TextBox
tbMSGHistory	Text		用于显示历史消息	TextBox
Form1	Text	服务器端	窗体的标签	Form

服务器端的窗体设计界面如图 10.5 所示。

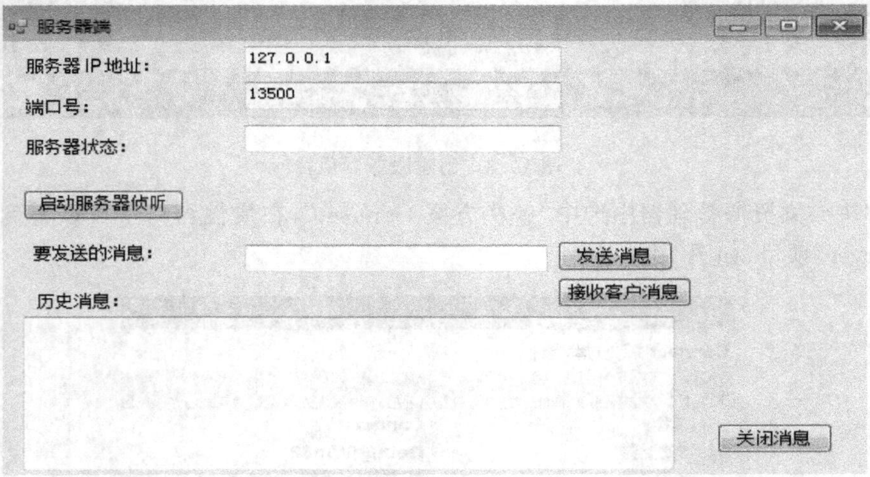

图 10.5 服务器端的窗体设计界面

在 Server::Form1 的头文件中需要引用命名空间:

using namespace System::Net::Sockets;

"启动服务器侦听"按钮的单击事件处理程序:

```
private: System::Void btnStartServer_Click(System::Object^ sender, System::
        EventArgs^ e)
{
    try
    {
        Int32 port = Convert::ToInt32(tbPort -> Text -> Trim());
        IPAddress^ localAddr = IPAddress::Parse(tbIP -> Text -> Trim());
        server = gcnew TcpListener(localAddr,port);
        server -> Start();
        tbServerStatus -> Text = L"服务器侦听已启动,等待客户端连接请求";
            socketAtServer = server -> AcceptSocket();
    tbServerStatus -> Text = L"服务器侦听到客户端连接请求,连接建立成功。";
    }
    catch(Exception^ )
    {     MessageBox::Show("启动服务器时发生异常");     }
}
```

"发送消息"按钮单击事件处理程序：

```
private: System:: Void btnSendMSG _ Click ( System:: Object ^ sender, System::
        EventArgs^ e)
{
    try
    {
        array < Byte > msg = Encoding::UTF8 -> GetBytes(tbMSGTobeSent -> Text);
            socketAtServer -> Send(msg);
    }
    catch(Exception^)
    {      MessageBox::Show("发送消息时发生异常");       }
}
```

"接收客户消息"按钮单击事件处理程序：

```
private: System::Void btnReceiveMSG_Click(System::Object^ sender, System::
        EventArgs^ e)
{
    array < Byte > bytes = gcnew array < Byte >(256);
    try
    {
        if(socketAtServer -> Available > 0)
        {
            int byteCount = socketAtServer -> Receive(bytes);
            if(byteCount > 0)
```

```
        tbMSGHistory - > AppendText(Encoding::UTF8 - > GetString(bytes));
                tbMSGHistory - > AppendText(L"\r\n");
            }
        }
    }
    catch(Exception^)
    {       MessageBox::Show("接收数据时发生异常");       }
}
```

"关闭消息"按钮事件处理程序：

```
private: System::Void btnCloseServer_Click(System::Object^ sender, System::
        EventArgs^ e)
{
    socketAtServer - > Close();
    server - > Stop();
    MessageBox::Show("关闭服务器");
}
```

（2）创建客户端项目。在解决方案资源管理器中选中"解决方案 Connect"，单击鼠标右键，在弹出快捷菜单中选择"添加"→"新建项目"命令。添加一个"Windows 窗体应用程序项目"，项目名称为"Client"。

在新建项目的窗体中添加控件，控件及其属性如表 10.2 所示。

表 10.2　控件及其属性

控件名称	属性	属性值	用途	类
label1	Text	服务器 IP 地址：		Label
label2	Text	服务器端口：		Label
label3	Text	Socket 连接状态：		Label
label4	Text	要发送的消息：		Label
label5	Text	历史消息：		Label
btnSendMSG	Text	发送消息	发送消息	Button
btnReceiveMSG	Text	接收服务器端消息	接收服务器端消息	Button
tbServerIP	Text	127.0.0.1	用于填写服务器的 IP 地址	TextBox
tbServerPort	Text	13500	用于填写服务器的端口号	TextBox
tbConnectionStatus	Text		用于显示连接状态	TextBox
tbMSGTobeSent	Text		将要发送的消息	TextBox
tbMSGHistory	Text		用于显示历史消息	TextBox
Form1	Text	客户端	窗体的标签	Form

客户端窗体界面如图 10.6 所示。

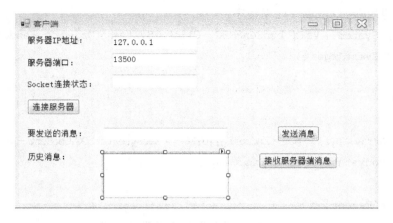

图 10.6 客户端窗体界面

首先在头文件 Client.h 中加入需要引用的命名空间：

using namespace System::Net::Sockets;

"连接服务器"按钮的单击事件处理程序：

```
private: System::Void btnConnectServer_Click(System::Object^ sender, System::
        EventArgs^ e)
{
    try
    {
        Int32 port = Convert::ToInt32(tbServerPort->Text->Trim());
        IPAddress^ ipAddress = IPAddress::Parse(tbServerIP->Text->Trim());
        IPEndPoint^ remoteEP = gcnew IPEndPoint(ipAddress,port);
        socketAtClient = gcnew Socket (AddressFamily::InterNetwork,
                        SocketType::Stream, ProtocolType::Tcp);
        socketAtClient->Connect(remoteEP);
        if(socketAtClient->Connected)
        {
            //isConnectionOK = true;
            tbConnectionStatus->Text == L"连接服务器成功";
        }
    }
    catch(Exception^ )
    {
        MessageBox::Show("连接服务器时发生异常");
    }
}
```

"发送消息"按钮单击事件处理程序：

```
private: System::Void btnSendMSG_Click(System::Object^ sender, System::
    EventArgs^ e)
{
    try
    {
        array<Byte>^ msg = Encoding::UTF8->GetBytes(tbMSGTobeSent->Text);
        socketAtClient->Send(msg);
    }
    catch(Exception^)
    {        MessageBox::Show("发送消息时发生异常");        }
}
```

"接收服务器端消息"按钮单击事件处理程序：

```
private: System::Void btnReceiveMSG_Click(System::Object^ sender, System::
    EventArgs^ e)
{
    array<Byte>^ bytes = gcnew array<Byte>(256);
    try
    {
        if(socketAtClient->Available>0)
        {
            int byteCount = socketAtClient->Receive(bytes);
            if(byteCount>0)
            { tbMSGHistory->AppendText(Encoding::UTF8->GetString(bytes));
                tbMSGHistory->AppendText(L"\r\n");
            }
        }
    }
    catch(Exception^)
    {    MessageBox::Show("接收消息时发生异常");        }
}
```

　　如果是客户端，则需要在解决方案资源管理器中选中"解决方案 Connect"，再将属性窗口中的启动项目改为"Client"，如图 10.7 所示。

　　服务器端运行界面如图 10.8 所示，客户端运行界面如图 10.9 所示。

　　这是一个简单的聊天程序。

　　在运行服务器端后，填写服务器端的 IP 地址和端口号，然后单击"启动服务器侦听"按钮。

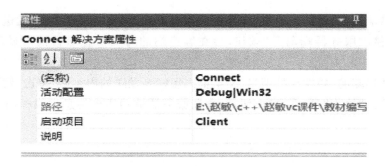

图 10.7　客户端需要在解决方案中修改启动项目属性为 Client

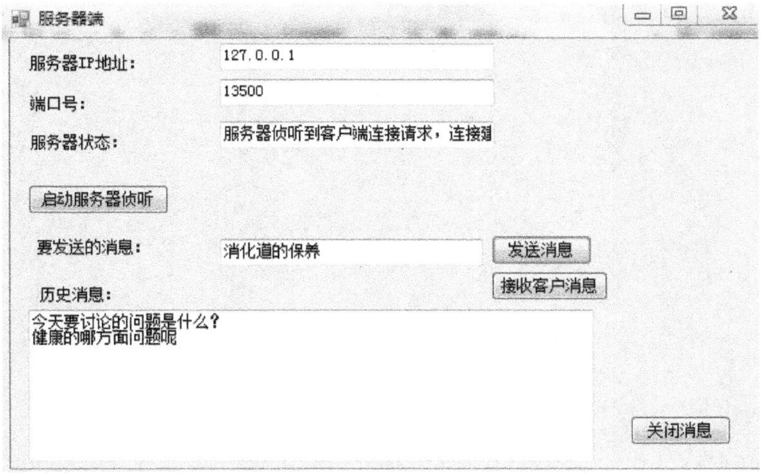

图 10.8　服务器端运行界面

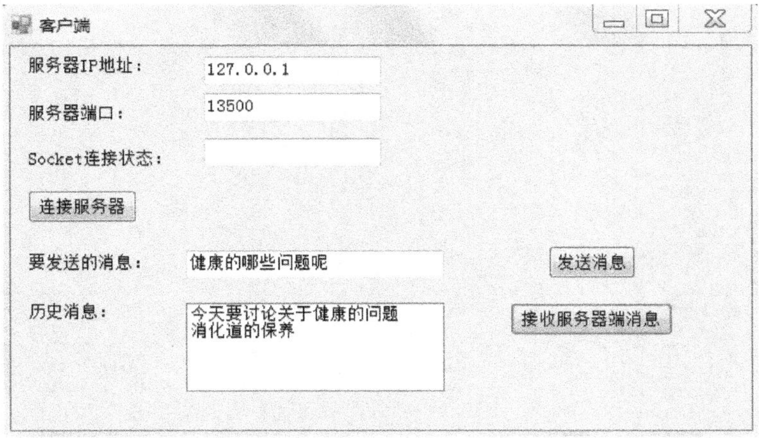

图 10.9　客户端运行界面

在运行客户端后,填写服务器端的 IP 地址和服务器端口号,然后单击"连接服务器"按钮。

在服务器端的"要发送的消息"文本框内填好要发送的内容后,单击"发送消息"按钮,在客户端单击"接收服务器端消息"按钮,会在客户端的历史消息编辑框内显示刚刚收到的消息。

同样在客户端的"要发送的消息"文本框内填好要发送的内容后,单击"发送消息"按钮,在服务器端单击"接收客户消息"按钮,就会在服务器端的历史消息编辑框内显示刚刚收到的消息。

第 2 篇　面向对象编程习题

第11章 数据类型和表达式习题

一、填空题

1. C++中使用_____作为标准输入流对象,通常代表键盘,与提取操作符_____连用;使用_____作为标准输出流对象,通常代表显示设备,与_____连用。

2. cout 是_____类的对象。

3. cin 是_____类的对象。

4. C++程序是从_____函数开始执行的。

5. _____是计算机直接理解执行的语言,由一系列_____组成,其助记符构成了_____;接近人的自然语言习惯的程序设计语言为_____。

6. C++程序开发通常要经过 5 个阶段,包括 _____、_____、_____、_____、_____。

7. 执行"int x＝5,y;y＝＋＋x－3;"后,x 的值是_____,y 的值是_____。

8. C++预定义的常用转义序列中,在输出流中用于换行、空格的转义序列分别为_____。

9. 布尔型数值只有两个:_____和_____。在 C++的算术运算式中,分别当作 1 和 0。

10. C++语言中的标识符只能由三种字符组成,它们是 _____、_____ 和_____。

二、判断题

1. ＋＋和－－运算符可以作用于常量。 （ ）

2. 整型数据和字符型数据的类型不同,它们之间不能进行运算。 （ ）

3. 变量经过强制类型转换运算后其类型就改变了。 （ ）

4. C++提供自增（＋＋）和自减（－－）运算符,可以将变量加 1 或减 1。如果运算符放在变量前面,则变量先加 1（减 1）,然后在表达式中使用。如果运算符放在变量后面,则先在表达式中使用,然后变量加 1（减 1）。 （ ）

5. 实型数赋值给整型时,仅取整数部分赋值,当整数部分的值超出整型变量的范围时,产生溢出,结果出错。 （ ）

6. 字符可以是字符集中的任意字符。但数字被定义为字符型之后就不能参与数值运算了。 （ ）

7. 用 const 修饰的标识符称为符号常量,因为符号常量同样需要系统为其分配内存,所以又称为 const 变量。符号常量在使用之前一定要先进行声明。 （ ）

8. 一个赋值表达式中使用多个赋值运算符可实现多个变量赋值的功能,如表达式（x＝y＝z＝2）与操作序列（z＝2;y＝z;x＝y;）是等价的。 （ ）

9. void 是无值,而不是 0,因为 0 也是一个值。 (　　)

10. 声明语句中使用的符号"＝"即为初始化符,也是赋值运算符。 (　　)

三、选择题

1. 下列数据中,不合法的实型数据是(　　)。

A. 0.123 　　　　B. 123e3 　　　　C. 2.1e3.5 　　　　D. 789.0

2. 若有定义"int a＝7；float x＝2.5,y＝4.7;",则表达式"x＋a%3 * (int)(x+y)%2/4"的值是(　　)。

A. 2.500000 　　　B. 2.750000 　　　C. 3.500000 　　　D. 0.000000

3. 设变量 a 是 int 型,f 是 float 型,i 是 double 型,则表达式"10＋'a'＋i * f"值的数据类型为(　　)。

A. int 　　　　B. float 　　　　C. double 　　　　D. 不确定

4. 以下变量 x、y、z 均为 double 类型且已正确赋值,不能正确表示数学式子的 C 语言表达式是(　　)。

A. x / y * z 　　B. x * (1/(y * z)) 　　C. x / y * 1 / z 　　D. x / y / z

5. 若变量已正确定义并赋值,以下符合 C 语言语法的表达式是(　　)。

A. a:＝b＋1 　　B. a＝b＝c＋2 　　C. int 18.5%3 　　D. a＝a＋7＝c＋b

6. 在 C/C＋＋语言中,逻辑值"真"用(　　)表示。

A. true 　　　B. 大于 0 的数 　　　C. 非 0 整数 　　　D. 非 0 的数

7. 设有定义"int x；double y；"及语句"x＝y；",则下面正确的说法是(　　)。

A. 将 y 的值四舍五入为整数后赋给 x 　　B. 将 y 的整数部分赋给 x

C. 该语句执行后 x 与 y 相等 　　D. 将 x 的值转换为实数后赋给 y

8. 已知"int a,b；",用语句"cin >> a >> b；"输入 a、b 的值时,不能作为输入分隔符的是(　　)。

A. , 　　　　B. 空格键 　　　　C. Enter 键 　　　　D. Tab 键

9. 以下程序段的输出结果是(　　)。

```
int x = 10, y = 10;
cout << x-- <<", "<< --y << endl;
```

A. 10,9 　　　B. 9,10 　　　C. 10,10 　　　D. 9,9

10. 若有定义"int x；",则下面不能将 x 的值强制转换成双精度数的表达式是(　　)。

A. (double) x 　　B. double(x) 　　C. (double)(x) 　　D. x (double)

四、程序填空题

1. 从键盘任意输入一个 4 位数,求出它的各位数字之和。

```
# include < iostream >
using namespace std;
int main( )
{
    int x,n1,n2,n3,n4,s;
    cin >> ___(1)___ ;
//输入一个 4 位整数,存放在变量 x 中
```

```
n1 = x/1000;                 // 千位
n2 = x % 1000/100;           // 百位
n3 = x % 100/10;             // 十位
n4 =  (2)  ;                 // 个位
s = n1 + n2 + n3 + n4;
cout <<"各位数字之和:"<<  (3)  << endl;
return 0;
}
```

2. 根据输入的半径,计算圆的面积。

```
# include < iostream >
using namespace std;
int main( )
{
    double r,area;
    double p = 3.1416;          //π 的值
    cin >> r;
    area =   (1)  ;             //计算圆的面积;
    cout <<  (2)  << endl;      //输出圆的面积
    return 0;
  (3)
```

五、简单题

1. 什么是数据类型? 变量的类型定义有什么作用?

2. 字符常量与字符串常量的区别是什么?

3. 普通数据类型变量和指针类型变量的定义、存储和使用方式有何区别? 请编写一个程序验证之。

4. 什么是数据对象的引用? 对象的引用和对象的指针有什么区别? 请用一个验证程序进行说明。

第12章 流程控制语句习题

一、填空题

1. 符合结构化原则的三种基本控制结构是：选择结构、循环结构和_____。

2. _____的特点是各块按照书写次序依次执行。_____的特点是根据条件判断选择执行路径。_____用于实现重复性动作。根据算法的_____，循环必须在一定条件下进行，无条件必然会导致死循环。

3. switch 语句中表达式的值只能是_____、_____、_____或_____等类型，而不能取_____这样的连续值。

4. _____语句只能用在 switch 语句和循环语句中。continue 语句只能用在_____中，程序执行到 continue 语句时，将跳过其后尚未执行的循环体语句，开始_____循环。

5. 将以下程序写成三目运算表达式是_____。

```
if(a > b)     max = a;
else          max = b;
```

二、选择题

1. 对 if 语句中表达式的类型，下面描述正确的是(   )。

A. 必须是关系表达式

B. 必须是关系表达式或逻辑表达式

C. 必须是关系表达式或算术表达式

D. 可以是任意表达式

2. 与 for(表达式 1;表达式 2;表达式 3)功能相同的语句为(   )。

A. 表达式 1;
   while(表达式 2)
       循环体；
       表达式 3;}

B. 表达式 1;
   {while(表达式 2){
       表达式 3；
       循环体;}}

C. 表达式 1;
   do{
       循环体；
       表达式 3;}while(表达式 2);

D. do{
       表达式 1；
       循环体；
       表达式 3;} while(表达式 2)

3. 以下程序输出结果为(   )。

```
# include < iostream >
using namespace std;
```

```
void main() {
    int x(1),a(0),b(0);
    switch(x){
    case 0:b++;
    case 1:a++;
    case 2:a++;b++;
    }
    cout <<"a = "<< a <<",b = "<< b;
}
```

A. a=2,b=1   B. a=1,b=1   C. a=1,b=0   D. a=2,b=2

4. 已知"int i=0, x=1, y=0;",在下列选项中,使 i 的值变成1的语句是(　　)。

A. if(x&&y) i++;   B. if(x==y) i++;

C. if(x||y) i++;   D. if(! x)i++;

5. 以下形成死循环的程序段是(　　)。

A. for(int x=0;x<3;){x++;};

B. int k=0;do{++k;} while(k>=0);

C. int a=5;while(a){a--;};

D. int i=3;for(; i ; i--);

6. 下面的程序段循环执行了(　　)次。

int k = 10;

while (k = 3) k = k - 1;

A. 死循环   B. 0 次   C. 3 次   D. 7 次

7. 语句"while(! E)"中的表达式"! E"等价于(　　)。

A. E==0   B. E! =1   C. E! =0   D. E= =1

8. 下列说法不正确的是(　　)。

A. for、while 和 do-while 循环体中的语句可以是空语句

B. 使用 while 和 do-while 循环时,循环变量初始化的操作应在循环语句之前完成

C. for 和 do-while 循环都是先执行循环体语句,后判断循环条件表达式

D. while 循环是先判断循环条件表达式,后执行循环体语句

9. 已知"int i=0,x=0;",下面 while 语句执行时的循环次数为(　　)。

while(! x && i<3) {x++;i++;}

A. 4   B. 3   C. 2   D. 1

10. 对 for(表达式1;;表达式3)可以理解为(　　)。

A. for(表达式1;0;表达式3)

B. for(表达式1;1;表达式3)

C. for(表达式1;表达式1;表达式3)

D. for(表达式1;表达式3;表达式3)

三、判断题

1. 在三种形式的 if 语句中,在 if 关键字之后均为表达式。该表达式只能是逻辑表达式或关系表达式。　　　　　　　　　　　　　　　　　　　　　　　　　　　　　（　　）

2. 在 if 语句中,关键字之后的表达式必须用括号括起来,并随后跟分号。　（　　）

3. 在 if 语句的三种形式中,所有的语句应为单个语句,如果要想在满足条件时执行一组(多个)语句,则必须把这一组语句用{}括起来组成一个复合语句。　（　　）

4. 条件运算符的结合方向是自右至左。　　　　　　　　　　　　　　　（　　）

5. switch 语句中的 case 后面必须是整常量表达式,如整数常数、字符常量。　（　　）

6. 当 switch 的整类型表达式的结果值与某一个 case 块的整常量表达式的值相等时,将转至该 case 块,并且执行该 case 与下一个 case 之间的所有语句。　　　（　　）

7. 可以使用 go out 语句跳出 switch 语句。　　　　　　　　　　　　　（　　）

8. else 总是与它前面最近的 if 配对。　　　　　　　　　　　　　　　（　　）

四、程序分析题

1.

```cpp
# include < iostream >
using namespace std;
    void main()
    {int a,b,c,d,x = 0;
     a = c = 0; b = 1;d = 20;
     if(a) d = d - 10;
     else if(! b)
     if(! c)
     x = 15;
     else x = 25;
        cout <<"d = "<< d << endl;
        cout <<"x = "<< x << endl;
        }
```

2.

```cpp
# include < iostream >
using namespace std;
    void main()
    {int a = 0, b = 1;
     switch(a)
     {case 0: switch(b)
            { case 0:cout <<"a = "<< a <<"b = "<< b << endl; break;
              case 1:cout <<"a = "<< a <<"b = "<< b << endl; break;
            }
```

```
        case 1:a++; b++; cout <<"a = "<< a <<"b = "<< b << endl;
          }
        }
```

3.
```
#include < iostream >
using namespace std;
  void main()
    {int i = 1;
while(i < = 10)
      if( ++ i % 3!= 1)
          continue;
      else cout << i << endl;
        }
```

4.
```
#include < iostream >
using namespace std;
void main()
{int i,j,x = 0;
for(i = 0;i < = 3;i ++ )
                {x ++ ;
                for(j = 0;j < = 3;j ++ )
                  {if(j % 2) continue;
                    x ++ ;
                  }
                x ++ ;
              }
          cout <<"x = "<< x << endl;
          }
```

5.
```
#include < iostream >
using namespace std;
int main()
{
int i, s = 0;
for( i = 0; i < 5; i ++ )
switch( i )
{
```

```
case 0:  s += i;  break;
case 1:  s += i;  break;
case 2:  s += i;  break;
default: s += 2;
}
cout <<"s = "<< s << endl;
}
```

五、编程题

1. 求 100～200 之间不能被 3 整除也不能被 7 整除的数。

2. 输入 n，求 1! ＋2! ＋3! ＋…＋n!。

3. 求两个数的最大公约数与最小公倍数。

4. 编写一个简易计算器程序，根据用户输入的运算符进行两个数的加、减、乘或除运算。

5. 从键盘输入一组非 0 整数，以输入 0 标志结束，求这组整数的平均值，并统计其中正数和负数的个数。

第13章 函数习题

一、填空题

1. 在 C++ 中,一个函数一般由两部分组成,分别是_____和_____。

2. 在 C++ 中,若没有定义函数的返回类型,则系统默认为_____型。

3. 当一个函数没有返回值时,函数的类型应定义为_____。

4. 在 C++ 中,函数的参数有两种传递方式,它们是值传递和_____。

5. 在函数体外定义的变量是_____变量;在函数体内定义的变量是_____变量。

6. 在 C++ 的一个程序内可以定义多个同名的函数,称为_____。

7. 为了降低函数调用的时间开销,建议将小的调用频繁的函数定义为_____,方法是在函数类型前加上_____关键字。

8. 若在一个函数中又调用另一个函数,则称这样的调用过程为函数的_____调用。

9. 在调用一个函数的过程中出现直接或间接调用该函数本身,就称作函数的_____调用。

10. 在 C++ 中,用数组、指针和_____作为函数参数,能够将参数值带回。

11. 被定义为形参的是在函数中起自变量作用的变量,形参只能用_____表示。实参的作用是将实际参数的值传递给形参,实参可以用_____、_____、_____表示。

12. 函数模板中紧随 template 之后尖括号内的类型参数都要冠以保留字_____。

13. C++ 语言中如果调用函数时,需要改变实参或者返回多个值,应该采取_____方式。

二、选择题

1. 以下正确的函数原型为(   )。

A. f1(int x; int y); B. void f1(x, y);

C. void f1(int x, y); D. void f1(int, int);

2. 有原型"void fun2(int);",在下列选项中,不正确的调用是(   )。

A. int a = 21; fun2(a); B. int a = 15; fun2(a * 3);

C. int b = 100; fun2(&b); D. fun2(256);

3. 有函数原型"void fun3(int *);",在下列选项中,正确的调用是(   )。

A. double x = 2.17; fun3(&x); B. int a = 15; fun3(a * 3.14);

C. int b = 100; fun3(&b); D. fun3(256);

4. 有函数原型"void fun4(int &);",在下列选项中,正确的调用是(   )。

A. int a = 2.17; fun4(&a); B. int a = 15; fun4(a * 3.14);

C. int b = 100; fun4(b); D. fun4(256);

5. 在 C++ 中,若定义一个函数的返回类型为 void,则以下叙述正确的是(   )。

A. 函数返回值需要强类型转换　　　　B. 函数不执行任何操作

C. 函数本身没有返回值　　　　　　　D. 函数不能修改实际参数的值

6. 决定 C++语言中函数的返回值类型的是(　　　　)。

A. return 语句中的表达式类型

B. 调用该函数时系统随机产生的类型

C. 调用该函数时的主调用函数类型

D. 在定义该函数时所指定的数据类型

7. 函数参数的默认值不允许为(　　　　)。

A. 全局常量　　　　B. 直接常量　　　　C. 局部变量　　　　D. 函数调用

8. 使用重载函数编写程序的目的是(　　　　)。

A. 使用相同的函数名调用功能相似的函数

B. 共享程序代码

C. 提高程序的运行速度

D. 节省存储空间

9. 在下列描述中,(　　　　)是错误的。

A. 使用全局变量可以从被调用函数中获取多个操作结果

B. 局部变量可以初始化,若不初始化,则系统默认它的值为 0

C. 当函数调用完后,静态局部变量的值不会消失

D. 全局变量若不初始化,则系统默认它的值为 0

10. 适宜采用 inline 定义函数的情况是(　　　　)。

A. 函数体含有循环语句

B. 函数体含有递归语句

C. 函数代码少、频繁调用

D. 函数代码多、不常调用

11. 使用地址作为实参传给形参,下列说法正确的是(　　　　)。

A. 实参是形参的备份

B. 实参与形参无联系

C. 形参是实参的备份

D. 实参与形参是同一对象

12. 对数组名作函数的参数,下面描述正确的是(　　　　)。

A. 数组名作函数的参数,调用时将实参数组复制给形参数组

B. 数组名作函数的参数,主调函数和被调函数共用一段存储单元

C. 数组名作参数时,形参定义的数组长度不能省略

D. 数组名作参数,不能改变主调函数中的数据

13. 在 C++语言中,关于参数默认值的描述正确的是(　　　　)。

A. 只能在函数定义时设置参数默认值

B. 设置参数默认值时,应当从左向右设置

C. 设置参数默认值时,应当全部设置

D. 设置参数默认值后,调用函数不能再对参数赋值

14. 实现两个相同类型数的加法的函数模板声明是(　　　)。

A. add(T x,T y)

B. T add(x,y)

C. T add(T x,y)

D. T add(T x,T y)

15. 下列关于重载函数的说法正确的是(　　　)。

A. 重载函数必须具有不同的返回值类型

B. 重载函数形参个数必须不同

C. 重载函数必须具有不同的形参列表

D. 重载函数名可以不同

三、简答题

1. 函数的作用是什么？如何定义函数？什么是函数原型？

2. 函数的实参和形参怎样对应？实参和形参数目必须一致吗？什么情况下可以不同？

3. 函数和内联函数的执行机制有何不同？定义内联函数有何意义？又有何要求？

4. 全局变量和全局静态变量的区别在哪里？为什么提倡尽量使用局部变量？

5. 在一个语句块中能否访问一个外层的同名局部变量？能否访问一个同名的全局变量？如果可以,应该如何访问？编写一个验证程序进行说明。

6. 函数重载的作用是什么？满足什么条件的函数才可以成为重载函数？重载函数在调用时是怎样进行对应的？

四、编程题

1. 编写两个函数,函数功能分别是:求两个整数的最大公约数和最小公倍数,要求输入、输出均在主函数中完成。

2. 编写函数 factors(num,k),函数功能是:求整数 num 中包含因子 k 的个数,如果没有该因子则返回 0。例如,32＝2×2×2×2×2,则 factors(32,2)＝5。要求输入、输出均在主函数中完成。

3. 编写函数,函数功能是:根据下列公式求 π 的值(直到某一项的值小于给定精度 e 为止),精度 e 由键盘输入,要求输入、输出均在主函数中完成。

4. 编写函数,形成 n 阶杨辉三角形。在主函数中调用该函数,形成杨辉三角形,并输出结果。输入阶数 n,输出处理后的结果。

5. 编写程序完成进制转换,要求使用函数,函数功能是:十进制转换为八进制,输入、输出均在主函数中完成。

6. 编写两个重载函数,分别求两个整数相除的余数和两个实数相除的余数。对两个实数求余定义为实数四舍五入取整后相除的余数。

第 14 章　面向对象编程基础习题

一、填空题

1. 在面向对象程序设计中,对象是由_____、_____和_____封装在一起构成的实体。

2. 在面向对象程序设计中,类是具有_____和_____的对象的集合,它是对一类对象的抽象描述。

3. 面向对象程序设计最突出的特点就是_____、_____和_____。

4. 在 C++中,类成员有三种访问权限,它们分别是_____、_____和_____。在类成员中,_____提供给用户的接口功能;_____用来描述对象的属性。

5. 类中有一种特殊的成员函数,它主要用来为对象分配内存空间,对类的数据成员进行初始化,这种成员函数是_____。

6. 析构函数的作用是_____。

7. 类是对象的_____,而对象是类的具体_____。

8. 如果在类中没有明确定义析构函数,清除对象的工作仍由_____来完成,原因是_____。

9. 如果想将类的一般成员函数说明为类的常成员函数,则应该使用关键字_____说明成员函数。

10. 当一个类的对象成员函数被调用时,该成员函数的_____指向调用它的对象。

11. 被声明为 const 的数据成员只允许声明为_____的成员函数访问。

12. 一个类中若包含另一个类的对象,则这种情况称为类的_____,这个对象称为_____。

13. 若外界函数想直接访问类的私有数据成员,则必须把该函数声明为类的_____。

14. 若一个类 A 声明为另一个类 B 的友元类,则意味着类 A 中的所有成员函数都是类 B 的_____。

15. 将类中的数据成员声明为 static 的目的是_____。

二、选择题

1. 面向对象程序设计把数据和(　　)封装在一起。

A. 数据隐藏　　　　B. 信息　　　　　　C. 数据抽象　　　　　D. 对数据的操作

2. 以下关于类和对象的叙述错误的是(　　)。

A. 对象是类的一个实例

B. 任何一个对象都归属于一个具体的类

C. 一个类只能有一个对象

D. 类与对象的关系和数据类型与变量的关系相似

3. 如果 class 类中的所有成员在定义时都没有使用关键字 public、private、protected，则所有成员缺省的访问属性为（   ）。

A. public   B. private   C. static   D. protected

4. 下列说法中正确的是（   ）。

A. 类定义中只能说明函数成员的函数头，不能定义函数体

B. 类中的函数成员可以在类体中定义，也可以在类体之外定义

C. 类中的函数成员在类体之外定义时必须要与类声明在同一文件中

D. 在类体之外定义的函数成员不能操作该类的私有数据成员

5. 以下关于构造函数的叙述错误的是（   ）。

A. 构造函数名必须与类名相同   B. 构造函数在定义对象时自动执行

C. 构造函数无任何函数类型   D. 在一个类中构造函数有且仅有一个

6. 以下关于析构函数的叙述错误的是（   ）。

A. 一个类中只能定义一个析构函数   B. 析构函数和构造函数一样可以有形参

C. 析构函数不允许有返回值   D. 析构函数名前必须冠有符号"～"

7. 以下叙述正确的是（   ）。

A. 在类中不作特别说明的数据成员均为私有类型

B. 在类中不作特别说明的成员函数均为公有类型

C. 类成员的定义必须放在类体内

D. 类成员的定义必须是成员变量在前，成员函数在后

8. 以下叙述不正确的是（   ）。

A. 一个类的所有对象都有各自的数据成员，它们共享成员函数

B. 一个类中可以有多个同名的成员函数

C. 一个类中可以有多个构造函数、多个析构函数

D. 类成员的定义必须是成员变量在前，成员函数在后

9. 以下不属于构造函数特征的是（   ）。

A. 构造函数名与类名相同   B. 构造函数可以重载

C. 构造函数可以设置默认参数   D. 构造函数必须指定函数类型

10. 下列函数中，是类 MyClass 的析构函数的是（   ）。

A. ～Myclass();   B. MyClass();

C. ～MyClass();   D. ～MyClass(int n);

11. 下面对友元的描述错误的是（   ）。

A. 关键字 friend 用于声明友元

B. 一个类中的成员函数可以是另一个类的友元

C. 友元函数访问对象的成员不受访问特性影响

D. 友元函数通过 this 指针访问对象成员

12. 一个类的友元函数或友元类可以访问该类的（   ）。

A. 私有成员   B. 保护成员   C. 共有成员   D. 所有成员

13. 下列对静态数据成员的描述正确的是（   ）。

A. 静态数据成员不可以被类的对象调用

B. 静态数据成员可以在类体内进行初始化

C. 静态数据成员不能受 protected 控制符的作用

D. 静态数据成员可以直接用类名调用

14. 若 class B 中定义了一个 class A 的类成员 A a,则关于类成员的正确描述是(　　)。

A. 在类 B 的成员函数中可以访问 A 类的私有数据成员

B. 在类 B 的成员函数中可以访问 A 类的保护数据成员

C. 类 B 的构造函数可以调用类 A 的构造函数做数据成员初始化

D. 类 A 的构造函数可以调用类 B 的构造函数做数据成员初始化

15. 下面是关于静态成员的说法,其中不正确的是(　　)。

A. 静态成员有类作用域,但与普通非静态成员有所不同

B. 静态函数没有 this 指针,同一个类的不同对象拥有相同的静态变量

C. 静态数据成员的初始化必须在类外进行

D. 静态成员函数可以直接访问非静态数据成员

三、程序阅读题

1.

```cpp
#include<iostream>
using namespace std;
class A
{
public:
    int f1();
    int f2();
    void setx( int m ){ x = m; cout << x << endl; }
    void sety( int n ) { y = n; cout << y << endl; }
    int getx() { return x; }
    int gety() { return y; }
  private:
    int x, y;
};
int A::f1()
{ return x + y; }
int A::f2()
{ return x - y; }
int main()
{
A a;
a.setx( 10 );
a.sety( 5 );
  cout << a.getx() << '\t' << a.gety() << endl;
```

```
    cout << a.f1() << '\t' << a.f2() << endl;
}
```

2.

```cpp
#include < iostream >
using namespace std;
class T
{
  public :
    T( int x, int y )
{
a = x; b = y;
  cout <<"调用构造函数 1."<< endl;
cout << a << '\t' << b << endl;
}
    T( T &d )
{
cout <<"调用构造函数 2."<< endl;
cout << d.a << '\t' << d.b << endl;
}
    ~T() { cout <<"调用析构函数."<< endl; }
    int add( int x, int y = 10 ) { return x + y; }
private :
    int a, b;
};
int main()
{
T d1( 4, 8 );
  T d2( d1 );
  cout << d2.add( 10 ) << endl;
}
```

3.

```cpp
#include < iostream >
using namespace std;
class  counter
{ public :
    static  int  num ;
    counter( )  { cout << ++ num <<"" ; }
    ~counter( )  { cout << -- num <<"" ; }
};
```

```
int   counter ：num = 0 ;
void main ( )
{
    counter   a,b;
    cout << a. num << endl；
    cout << counter：num << endl;
}
```

4.

```
#include < iostream >
using namespace std；
class T
{
public：
T(int x) { a = x; b += x; };
static void display(T c) { cout <<"a = "<< c. a <<'\t'<<"b = "<< c. b << endl; }
private：
int a;
static  int  b;
};
int T：b = 5;
int main()
{
T A(3)，B(5)；
  T：display(A)；
  T：display(B)；
}
```

5.

```
#include < iostream >
using namespace std；
#include < cmath >
class Point
{
public :
    Point( float x, float y )
      { a = x; b = y；  cout <<"点( "<< a <<", "<< b <<" )"; }
    friend double d( Point &A, Point &B )
      { return sqrt((A.a - B.a) * (A.a - B.a) + (A.b - B.b) * (A.b - B.b)); }
private：
    double a, b;
```

```
};
int main()
{
Point p1( 2, 3 );
   cout <<"到";
   Point p2( 4, 5 );
   cout <<"的距离是:"<< d( p1,p2 ) << endl;
}
6.
# include < iostream >
using namespace std;
class A
{
public :
     A() { a = 5; }
     void printa() { cout <<"A:a = "<< a << endl; }
   private :
       int a;
   friend   class B;
};
class B
{
public:
void display1( A t )
{ t.a ++ ; cout <<"display1:a = "<< t.a << endl; };
void display2( A t )
{ t.a -- ; cout <<"display2:a = "<< t.a << endl; };
};
int main()
{
A obj1;
B obj2;
obj1.printa();
obj2.display1( obj1 );
obj2.display2( obj1 );
obj1.printa();
}
7.
# include < iostream >
```

```
using namespace std;
class A
{
public:
A(int x):a(x = 0){ }
void getA(int &A) { A = a; }
void printA() { cout <<"a = "<< a << endl; }
private:
int a;
};
class B
{
public:
B(int x, int y):aa(x = 0) { b = y; }
void getAB(int &A, int &outB) { aa.getA(A); outB = b; }
void printAB() { aa.printA(); cout <<"b = "<< b << endl; }
private:
A aa;
int b;
};
int main()
{
A objA;
int m = 5;
objA.getA(m);
cout <<"objA.a = "<< m << endl;
cout <<"objB:\n";
B objB;
objB.getAB(12,56);
objB.printAB();
}
```

四、简答题

1. 试比较面向对象程序设计、结构化程序设计和模块化程序设计。

2. 解释以下概念：

类　对象　封装　数据抽象　继承　多态

3. 简单解释什么是面向对象程序设计的封装性。

4. 公有成员和私有成员有什么区别？

5. 说明友元关系的概念和友元关系的副作用。

6. 什么是构造函数和析构函数？各有哪些特点？

7. 在 C++中,对象作为函数参数与对象指针作为函数参数有何不同?

8. 什么是 this 指针?

五、编程题

1. 设计一个学生类,其中有三个数据成员:学号、姓名、年龄以及若干成员函数。同时编写 main 函数使用这个类,实现对学生数据的赋值和输出。

2. 设计一个矩形类(Rectangle),属性为矩形的左下与右上角的坐标,矩形水平放置。操作为计算矩形周长与面积。同时编写 main 函数使用这个类,实现对矩形周长与面积的输出。

3. 定义一个圆类(Circle),属性为半径(radius)、圆周长和面积,操作为输入半径并计算周长、面积,输出半径、周长和面积。要求定义构造函数(以半径为参数,缺省值为 0,周长和面积在构造函数中生成)和拷贝构造函数。

4. 设计一个学校在册人员类(Person)。数据成员包括:身份证号(IdPerson)、姓名(Name)、性别(Sex)、生日(Birthday)和家庭住址(HomeAddress)。成员函数包括人员信息的录入和显示,还包括构造函数与拷贝构造函数。设计一个合适的初始值。

5. 使用运算符重载的知识实现复数乘法。

6. 定义一个复数类,用友元函数实现对双目运算符"+"的运算符重载,使其适用于复数运算。

第15章　面向对象编程进阶习题

一、选择题

1. 有关多态性说法不正确的是（　　　）。

A. C++语言的多态性分为编译时的多态性和运行时的多态性

B. 编译时的多态性可通过函数重载实现

C. 运行时的多态性可通过模板和虚函数实现

D. 实现运行时多态性的机制称为动态多态性

2. 当一个类的某个函数被说明为 virtual 时,该函数在该类的所有派生类中（　　　）。

A. 都是虚函数

B. 只有被重新说明时才是虚函数

C. 只有被重新说明为 virtual 时才是虚函数

D. 都不是虚函数

3. 以下有关继承的叙述正确的是（　　　）。

A. 构造函数和析构函数都能被继承

B. 派生类是基类的组合

C. 派生类对象除了能访问自己的成员以外,不能访问基类中的所有成员

D. 基类的公有成员一定能被派生类的对象访问

4. 派生类的构造函数的成员初始化列表不能包含（　　　）。

A. 基类的构造函数

B. 基类的对象初始化

C. 派生类对象的初始化

D. 派生类中一般数据成员的初始化

5. 要实现动态联编必须（　　　）。

A. 通过成员名限定来调用虚函数

B. 通过对象名来调用虚函数

C. 通过派生类对象来调用虚函数

D. 通过对象指针或引用来调用虚函数

6. 在派生类中定义虚函数时,可以与基类中相应的虚函数不同的是（　　　）。

A. 参数类型　　　　　　　　　B. 参数个数

C. 函数名称　　　　　　　　　D. 函数体

7. 继承机制的作用是（　　　）。

A. 信息隐藏　　　　　　　　　B. 数据封装

C. 定义新类　　　　　　　　　D. 数据抽象

8. 采用动态多态性,要调用虚函数的是(　　)。

A. 基类对象指针　　　　　　　　B. 对象名

C. 基类对象　　　　　　　　　　D. 派生类名

9. B是类A的公有派生类,类A和类B中都定义了虚函数 func(),p是一个指向类A对象的指针,则 p—>A∶∶func()将(　　)。

A. 调用类A中的函数 func()

B. 调用类B中的函数 func()

C. 根据p所指的对象类型而确定调用类A中或类B中的函数 func()

D. 既调用类A中的函数,也调用类B中的函数

10. 从原有类定义新类可以实现的是(　　)。

A. 信息隐藏　　　　　　　　　　B. 数据封装

C. 继承机制　　　　　　　　　　D. 数据抽象

11. 以下基类中的成员函数表示纯虚函数的是(　　)。

A. virtual void tt()＝0　　　　　B. void tt(int)＝0

C. virtual void tt(int)　　　　　D. virtual void tt(int){}

12. C＋＋类体系中,不能被派生类继承的有(　　)。

A. 常成员函数　　　　　　　　　B. 构造函数

C. 虚函数　　　　　　　　　　　D. 静态成员函数

13. C＋＋的继承性允许派生类继承基类的(　　)。

A. 部分特性,并允许增加新的特性或重定义基类的特性

B. 部分特性,但不允许增加新的特性或重定义基类的特性

C. 所有特性,并允许增加新的特性或重定义基类的特性

D. 所有特性,但不允许增加新的特性或重定义基类的特性

14. 下列对派生类的描述中,(　　)是错误的。

A. 一个派生类可以作为另一个派生类的基类

B. 派生类至少有一个基类

C. 派生类的成员除了它自己的成员外,还包含了它的基类成员

D. 派生类中继承的基类成员的访问权限到派生类保持不变

15. 下列关于动态联编的描述中,错误的是(　　)。

A. 动态联编是以虚函数为基础的

B. 动态联编是运行时确定所调用的函数代码的

C. 动态联编调用函数操作是指向对象的指针或对象引用

D. 动态联编是在编译时确定操作函数的

二、填空题

1. 通过C＋＋语言中的_____机制,可以从现存类中构建其子类。

2. 在C＋＋程序设计中,建立继承关系倒挂的树应使用_____继承。

3. 基类的公有成员在派生类中的访问权限由_____决定。

4. 不同对象可以调用相同名称的函数,但执行完全不同行为的现象称为_____。

5. C＋＋中有两种继承:单继承和_____。

6. C++支持的两种多态性分别是_____多态性和运行多态性。

7. 采用私有派生方式,基类的 public 成员在私有派生类中是_____成员。

8. 在构造函数和析构函数中调用虚函数时采用_____。

三、程序阅读题

1.

```cpp
# include < iostream >
using namespace std;
class a
{public:
a(int i = 10)
{x = i;cout <<"a:"<< x << endl;}
int x;
};
class b:public a
{public:
b(int i):A(i)
{x = i;cout <<"b:"<< x <<", "<< a::x << endl;}
private:
a A;
int x;
};
void main()
{b B(5);
}
```

2.

```cpp
# include < iostream >
using namespace std;
class Base
{private:
int Y;
public:
Base(int y = 0)
{Y = y;cout <<"Base("<< y <<")\n";}
~Base()
{cout <<"~Base()\n";}
void print()
{cout << Y <<"";}
};
class Derived:public Base
```

```
{private:
int Z;
public:
Derived (int y, int z):Base(y)
{Z = z;
cout <<"Derived("<< y <<","<< z <<")\n";
}
~Derived()
{cout <<"~Derived()\n";}
void print()
{Base::print();
cout << Z << endl;
}
};
void main()
{Derived d(10,20);
d.print();
}
3.
#include "stdafx.h"
#include <iostream>
using namespace std;
class fulei
{public:
    fulei()
    {cout <<"fulei 的构造函数"<< endl;}
    ~fulei()
{cout <<"fulei 的析构函数"<< endl;}
    void chi()
{cout <<"吃方法"<< endl;}
protected:
    void he()
{cout <<"喝方法"<< endl;}
};
class zilei:protected fulei
{public:
    zilei()
    {cout <<"zilei 的构造函数"<< endl;}
    ~zilei()
```

```
{cout <<"zilei 的析构函数"<< endl;}
    void diaoyong()
    {chi();he();}
};
int main()
{   fulei t1;
    zilei t2;
    t1.chi();
    t2.diaoyong();
    return 0;
}
4.
# include < iostream >
using namespace std;

class a
{public:
virtual void print()
{cout <<"a prog..."<< endl;};
};
class b:public a
{};
class c:public b
{public:
void print()
{cout <<"c prog..."<< endl;}
};
void show(a * p)
{( * p).print();
}
void main()
{a a;
b b;
c c;
show(&a);
show(&b);
show(&c);
}
```

5.

```cpp
#include <iostream>
using namespace std;
class Shape
{
  public:
    Shape(int p1,int p2):width(p1),height(p2){}
    void setWidth(int w)
    {    width = w;    }
    virtual void setHeight(int h)
    {    height = h;    }
  protected:
    int width;
    int height;
};
class Rectangle: public Shape
{
  public:
    Rectangle(int p1,int p2):Shape(p1,p2){}
    void setWidth(int w)
    {    width = 2*w;    }
    void setHeight(int h)
    {    height = 2*h;    }
    int getArea()
    {
      return (width * height);
    }
};
int main(void)
{
  Rectangle Rect(2,2);
  Shape * p;
  cout <<"Total area: "<< Rect.getArea() << endl;
  Rect.setHeight(3);
  cout <<"Total area: "<< Rect.getArea() << endl;
  p = &Rect;
  p -> setHeight(4);
  cout <<"Total area: "<< Rect.getArea() << endl;
  p -> setWidth(5);
```

```
cout <<"Total area："<< Rect.getArea() << endl;
int height = 6;
cout <<"Total area："<< Rect.getArea() << endl;
return 0；
}
```

四、简答题

1. 什么叫派生类的同名覆盖(override)？

2. 派生类的析构函数需完成什么任务？是否要编写对基数和成员对象的析构函数的调用？为什么？

3. 简单叙述派生类与基类的赋值兼容规则。

五、编程题

1. 定义一个基类:点类,包括 x 坐标和 y 坐标,从它派生一个圆类,增加数据成员 r(半径),圆类成员函数包括构造函数、求面积的函数和输出显示圆心坐标及圆半径的函数。

2. 按要求完成下列功能。

(1) 请写基类 JILEI 类,基类中有公有的 type 成员变量,初值为 0。

(2) 矩形类 RECTANGLE 以公有方式继承 JILEI 类,矩形类中新增数据成员边长 a 和 b,矩形类有构造函数(带参数的构造函数),显示各成员变量值的函数 show,求矩形面积的函数。

(3) 写出 main()函数,定义一个派生类的对象 xx,并计算边长分别为 6 和 9 的矩形面积。

3. 已定义一个 Shape 抽象类,在此基础上派生出矩形 Rectangle 和圆形 Circle 类,二者都有 GetPerim()函数计算对象的周长,并编写测试 main()函数。

```
class Shape
{public：
Shape(){}
~Shape(){}
virtual float GetPerim() = 0；
}
```

4. 已知交通工具类定义如下。

```
class vehicle
{protected：
int wheels；//车轮数
float weight；//重量
public：
void init(int wheels,float weight)；
int get_wheels()；
float get_weight()；
void print()；
};
```

要求如下。

（1）实现这个类。

（2）定义并实现一个小车类 car，是它的公有派生类，小车本身的私有属性有载人数，小车的函数有 init（设置车轮数、重量和载人数）、getpassenger（获取载人数）、print（打印车轮数、重量和载人数）。

5．写一个程序，定义一个抽象类 Shape，由它派生 3 个类：Square（正方形）、Trapezoid（梯形）和 Triangle 三角形。用虚函数分别计算几种图形面积并求它们的和。要求用基类指针数组，使它每一个元素指向一个派生类对象。

6．请按照如下要求进行设计。

（1）定义一个基类哺乳类 Mammal 类，在基类定义一个 bark() 成员函数，该函数发出"嗷嗷"信息，该函数为虚函数。

（2）再由 Mammal 基类以公有方式派生出 Dog 类，派生类中重写一个 bark() 成员函数，该函数发出"汪汪"信息。

（3）在主程序中定义 Mammal 类的对象，并且通过该对象调用 bark() 函数；定义一个 Dog 类的对象，同时定义一个基类的指针变量，该指针变量指向 Dog 类的对象，用指针调用 bark() 函数。

（4）写出程序运行的结果。

参 考 文 献

[1] 黄维通. Visual C＋＋面向对象与可视化程序设计[M]. 3 版. 北京：清华大学出版社，2011.

[2] 方芳，赵敏. Visual C＋＋基础教程[M]. 北京：北京理工大学出版社，2015.

[3] 苗雪兰，刘瑞新，邓宇乔，等. 数据库系统原理及应用教程[M]. 4 版. 北京：机械工业出版社，2018.

[4] 罗斌. Visual C＋＋ 2005 编程实例精粹[M]. 北京：中国水利水电出版社，2007.

[5] 罗斌. Visual C＋＋ 2008 开发经验与技巧宝典[M]. 北京：中国水利水电出版社，2010.

[6] 李爱华. 面向对象程序设计（C＋＋语言）[M]. 北京：清华大学出版社，2010.

附录 1　习题参考答案

第 11 章参考答案

一、填空题

1. cin　>>　cout　<<

2. Ostream

3. Istream

4. main

5. 机器语言　二进制指令　汇编语言　高级语言

6. 编辑　编译　连接　运行　调试

7. 6　3

8. \n、\t

9. true　false

10. 字母　数字　下划线

二、判断题

1. F	2. F	3. F	4. F	5. F
6. F	7. T	8. T	9. T	10. F

三、选择题

1. C 2. A 3. C 4. A 5. B 6. D 7. B 8. A 9. A 10. D

四、程序填空题

1. (1) x　　　　　(2) x%10　(3) s

2. (1) p*r*r　　　(2) area　　(3) }

五、简答题

1. 数据类型是对数据的抽象。类型相同的数据有相同的表示形式、存储格式以及相关的操作。定义一个变量时,计算机根据变量的类型分配存储空间,并以该类型解释存放的数据。

2. 字符常量与字符串常量的主要区别如下。

(1) 定界符不同。字符常量使用单引号,而字符串常量使用双引号。

(2) 长度不同。字符常量的长度固定为 1,而字符串常量的长度可以是 0,也可以是某个整数。

(3) 存储要求不同。字符常量存储的是字符的 ASCII 码值,而字符串常量除了要存储有效的字符外,还要存储一个结束标志'\0'。

3. 普通变量的值只是供程序员所使用的值,而指针变量的值则不同,它的值存放的是其他变量的地址。声明一个指针变量就必须与普通变量有所区别，C＋＋语言用 int ＊b 声明变量 b 是一个指针变量，即变量 b 的值是可以解析成另一个变量的地址的。

验证程序：

```
# include< iostream >
using namespace std;
int main()
{ int a,b,c;    cout <<"a,b,c = ";    cin >> a >> b >> c;
   int ＊ pa = &a, ＊ pb = &b, ＊ pc = &c;
   cout <<"a,b,c = "<< a <<", "<< b <<", "<< c << endl;
   cout <<"pa,pb,pc = "<< pa <<", "<< pb <<", "<< pc << endl;
   cout <<" ＊ pa, ＊ pb, ＊ pc = "<< ＊ pa <<", "<< ＊ pb <<", "<< ＊ pc << endl;
}
```

4. 引用是为数据对象定义别名。引用与指针有以下几点区别。

（1）引用名不是内存变量，而指针变量要开辟内存空间。

（2）引用名需要在变量定义时与变量名绑定，并且不能重定义；指针变量可以在程序中赋给不同的地址值，改变指向。

（3）程序中用变量名和引用名访问对象的形式和效果一样；指针变量通过间址访问对象。

验证程序：

```
# include< iostream >
using namespace std;
  int main ()
{ int a;
  cout <<"a = ";
  cin >> a;
int ra = a;    int ＊ pa = &a;
  cout <<"a 的值:"<< a << endl;
cout <<"a 的地址:"<< &a << endl;
cout <<"ra 的值:"<< ra << endl;
  cout <<"ra 的地址:"<< &ra << endl;
  cout <<"pa 所指向的变量的值:"<< ＊ pa << endl;
  cout <<"pa 的地址:"<< pa << endl;
}
```

第 12 章参考答案

一、填空题

1. 顺序结构

2. 顺序结构　分支结构　循环结构　有穷性

3. 整型　字符型　布尔型　枚举型　实型

4. break　循环　新的

5. max＝a＞b? a:b;

二、选择题

1. D　2. A　3. A　4. C　5. B　6. A　7. A　8. C　9. D　10. B

三、判断题

1. F　2. F　3. T　4. F　5. T　6. F　7. F　8. T

四、程序分析题

1.

d = 20

x = 0

2.

a = 0　b = 1

a = 1　b = 2

3.

4　7　10

4.

x = 16

5.

s = 7

五、编程题

1.

```cpp
#include<iostream>
using namespace std;
int main(){
    int i ;
    for(i = 100;i <= 200;i ++ )
        if(i % 3 && i % 7)cout << i <<'\t';
    return 0;
}
```

2.

```cpp
#include <iostream>
using namespace std;
    int main(){
    int n,i,jch = 1;
    double result = 0;
    cout <<"请输入正整数 n:"<< endl;
    cin >> n;
    if(n < 1){
        cout <<"输入错误!"<< endl;
```

```
            return 1;
        }
        result = 1;
        for(i = 2;i <= n;i++){
            jch * = i;
            result += jch;
        }
        cout << result << endl;
        return 0;
}
```

3.
```cpp
#include <iostream>
using namespace std;
int main(){
    int a,b,i;
    int max,min;
    cin >> a >> b;
    min = a < b? a:b;
    max = a > b? a:b;
    for(i = min;i >= 1;i--)//求最大公约数
        if(a % i == 0 && b % i == 0){
            cout << i <<'\t';
            break;
        }
    for(i = max;i <= a * b;i++)//求最小公倍数
        if(i % a == 0 && i % b == 0){
            cout << i <<'\t';
            break;
        }
    return 0;
}
```

4.
```cpp
#include <iostream>
using namespace std;
int main()
{
float x,y;
char ch;
cout <<"请输入两个操作数:";
```

```
cin >> x >> y;
cout << "请输入运算符 + - * /:";
cin >> ch;
switch(ch)
{
case '+':cout << x + y << endl;break;
case '-':cout << x - y << endl;break;
case '*':cout << x * y << endl;break;
case '/':cout << x/y << endl;break;
default:cout << "输入有误,退出!";
        }
    return 0;
}
```

5.
```
#include < iostream >
using namespace std;
int main(){
    int stem[256],sum = 0,pnum = 0,nnum = 0,i = 0;
    cout << "从键盘输入一组非 0 整数,以输入 0 标志结束:" << endl;
    cin >> stem[i];
    while(stem[i]!= 0){
        sum += stem[i];//求和
        if(stem[i]> 0) pnum ++ ;//正数数量
        else nnum ++ ;//负数数量
        i ++ ;
        cin >> stem[i];
    }
    if(! i) cout << "0 个数" << endl;
    else {
        cout << "平均值 = " <<(double)sum/(pnum + nnum)<< endl;
        cout << "正数个数 = " << pnum << endl;
        cout << "负数个数 = " << nnum << endl;
    }
    return 0;
}
```

第 13 章参考答案

一、填空题

1. 函数头　函数体

2. int

3. void

4. 地址

5. 全局 局部

6. 函数重载

7. 内联函数 inline

8. 嵌套

9. 递归

10. 引用

11. 变量名 具有值的变量 常量 表达式

12. class

13. 传地址或引用

二、选择题

1. D 2. C 3. C 4. C 5. C 6. D 7. C 8. A 9. B 10. C 11. D 12. B 13. A 14. D 15. C

三、简答题

1. 函数的两个重要作用如下。

(1) 任务划分,把一个复杂任务划分为若干小任务,便于分工处理和验证程序正确性。

(2) 软件重用,把一些功能相同或相近的程序段独立编写成函数,让应用程序随时调用,而不需要编写雷同的代码。

函数的定义形式:

类型 函数名([形式参数表])

{

    语句序列

}

函数原型是函数声明,告诉编译器函数的接口信息:函数名、返回数据类型、接收的参数个数、参数类型和参数顺序,编译器根据函数原型检查函数调用的正确性。

2. 实参和形参的个数和排列顺序应一一对应,并且对应参数应类型匹配(赋值兼容),当有缺省参数时可以不同。

3. 内联函数的调用机制与一般函数不同,编译器在编译过程中遇到 inline 时,为该函数建立一段代码,而后在每次调用时直接将该段代码嵌入调用函数中,从而将函数调用方式变为顺序执行方式,这一过程称为内联函数的扩展或内联。内联函数的实质是牺牲空间来换取时间。因 inline 指示符对编译器而言只是一个建议,编译器也可以选择忽略该建议,内联函数只适用于功能简单、代码短小而又被重复使用的函数。函数体中包含复杂结构控制语句,如 switch、复杂 if 嵌套、while 语句等,以及无法内联展开的递归函数,它们都不能定义为内联函数,即使定义,系统也将作为一般函数处理。

4. 有 static 修饰的全局变量只能在定义它的文件中可见,在其他文件中不可见,而非静态的全局变量则可以被其他程序文件访问,但使用前必须用 extern 说明。局部变量具有局部作用域,使得程序在不同块中可以使用同名变量。这些同名变量各自在自己的作用域中可见,在其他地方不可见。所以提倡尽量使用局部变量。

5. 在一个语句块中不能访问外层的同名局部变量,可以访问一个同名的全局变量。

验证程序:

```cpp
#include<iostream>
using namespace std;
int a = 0;                              //全局变量a
int main()
{
int a = 1;                              //外层局部变量a
  {
int a = 2;                              //内层局部变量a
    cout <<"Local a is "<< a << endl;   //输出内层局部变量a
  }
  cout <<"Main a is "<< a << endl;      //输出外层局部变量a
  cout <<"Global a is "<<::a << endl;   //输出全局部变量a
}
```

6. 函数重载可以定义几个功能相似而参数类型不同、使用相同函数名的函数,以在不同情况下自动选用不同函数进行操作。函数重载的好处在于,可以用相同的函数名来定义一组功能相同或类似的函数,程序的可读性增强。在定义重载函数时必须保证参数类型不同,仅仅返回值类型不同是不行的。当某个函数中调用重载函数时,编译器会根据实参的类型去对应地调用相应的函数。匹配过程按如下步骤进行。

(1) 如果有严格匹配的函数,就调用该函数。

(2) 参数内部转换后如果匹配,就调用该函数。

(3) 通过用户定义的转换寻求匹配。

四、编程题

1.

```cpp
#include<iostream>
using namespace std;
int gys(int a,int b)
{int i;
for(i=a;i>0;i--)
if (a%i==0&&b%i==0)
{ return i;
break;}
}
int gbs(int a,int b)
{int i;
for(i=a;;i++)
if(i%a==0&&i%b==0)
```

```
{ return i;
break;}
}
int main()
{int a,b,c,d;
cin >> a >> b;
c = gys(a,b);
d = gbs(a,b);
cout << c <<' '<< d;
return 0;
}
```

2.

```
#include < iostream >
int factors(int num,int k)
{int n = 0,a;
a = num % k;
while(a == 0)
{n ++ ;
num = num/k;
a = num % k;
}
return n;}
int main()
{int num,k,b;
cin >> num >> k;
b = factors(num,k);
cout << b << endl;
return 0;
}
```

3.

```
#include < iostream >
using namespace std;
double pai(double e)
{double s,a,k,p;
s = 1;
a = 1/3.0;
for(k = 2;;k ++ )
{s += a;
a = a * (k/(k * 2 + 1));
```

```
if(a < e) break;
}
p = s * 2;
return p;
}
int main()
{double e,p;
cin >> e;
p = pai(e);
cout << p << endl;
return 0;
}
```

4.
```
#include < iostream >
#include < math. h >
using namespace std;
void yh(int a[][50],int l)
{int i,j,k;
for(k = 0;k < l;k ++ )
{a[k][0] = 1;
a[k][k] = 1;}
for(i = 2;i < l;i ++ )
{for(j = 1;j < i;j ++ )
a[i][j] = a[i - 1][j - 1] + a[i - 1][j];}}
int main()
{int a[50][50],n,i,j;
cin >> n;
yh(a,n);
for(j = 0;j < n;j ++ )
{for(i = 0;i <= j;i ++ )
cout << a[j][i]<<"";
cout << endl;
}
return 0;}
```

5.
```
#include < iostream >
using namespace std;
int zh(int b[],int n)
{
```

```
int i = 0;
while(n > 0)
{
b[i] = n % 8;
i ++ ;
n = n/8;
}
b[i] = '\0';
return i;
}
int main()
{
int b[100];
int n,a,i;
cin >> n;
a = zh(b,n);
for(i = a - 1;i > = 0;i -- )
cout << b[i];
return 0;
}
```

6.

```
# include < iostream >
# include < cmath >
  using namespace std;
int   mod(int n,int m)
{   return n % m; }
int   round(double x)
{
//四舍五入函数
  if(x > = 0)
  return int(x + 0.5);
  else   return int(x - 0.5);
}
int mod(double x,double y)
{
return round(x) % round(y);
}
int main()
{   cout <<"mod(8,3) = "<< mod(8,3)<< endl;
```

```
    cout <<"mod(8.2,3.6) = "<< mod(8.2,3.6)<< endl;
    cout <<"mod( - 8.2, - 2.6) = "<< mod( - 8.2, - 2.6)<< endl;
return 0;
}
```

第 14 章参考答案

一、填空题

1. 对象名　一组属性数据　一组操作

2. 相同属性数据　操作

3. 封装性　继承性　多态性

4. 公有成员　保护成员　私有成员　公有成员　数据成员

5. 构造函数

6. 当对象被撤销时,释放该对象所占据的存储空间

7. 抽象　实例

8. 析构函数　C++编译系统会自动生成一个析构函数

9. const

10. this 指针

11. const

12. 包含　子对象

13. 友元函数

14. 友元函数

15. 使同类对象对数据实现共享

二、选择题

1. D 2. C 3. B 4. B 5. D 6. B 7. A 8. C 9. D 10. C 11. D 12. D
13. D 14. C 15. D

三、程序阅读题

1.

10

5

10　　　5

15　　　5

2.

调用构造函数1.

4　　　　　8

调用构造函数2.

4　　　　　8

20

调用析构函数.

调用析构函数.

3.

1　2　2

2

1　0

4.

a = 3　　b = 13

a = 5　　b = 13

5.

点(3,4)到点(4,5)的距离是:2.82843

6.

A:a = 5

display1:a = 6

display2:a = 4

A:a = 5

7.

objA:a = 5

objB:

a = 12

b = 56

四、简答题

1. 结构化程序设计强调从程序结构和风格上研究程序设计。结构化程序设计的程序代码是按顺序执行的,有一套完整的控制结构,函数之间的参数按一定规则传递,不提倡使用全局变量,程序设计的首要问题是"设计过程"。模块化程序设计将软件划分成若干个可单独命名和编址的部分,称为"模块"。模块化程序设计的设计思路是"自顶向下,逐步求精",其程序结构是按功能划分成若干个基本模块,各模块之间的关系尽可能简单,在功能上相对独立。模块和模块之间隔离,不能访问模块内部信息,即这些信息对模块外部是不透明的,只能通过严格定义的接口对模块进行访问。模块化程序设计将数据结构和相应算法集中在一个模块中,提出了"数据结构＋算法＝程序设计"的程序设计思想。

模块化能够有效地管理和维护软件研发,能够有效地分解和处理复杂问题。但它仍是一种面向过程的程序设计方法,程序员必须时刻考虑所要处理数据的格式,对不同格式的数据做相同处理或对相同数据格式做不同处理都要重新编程,代码可重用性不好。面向对象程序设计面对的是一个个对象,用一种操作调用一组数据。把数据和有关操作封装成一个对象。各个对象的操作完成了,总的任务也就完成了。它适用于编写大型程序。结构化程序设计和模块化程序设计适用于比较小的程序,它要求细致地描写程序设计的每个细节。

2. 类:在面向对象程序设计中,类是具有相同属性数据和操作数据的函数的封装,它是对一类对象的抽象描述。

对象:在面向对象程序设计中,对象是由对象名、一组属性数据和一组操作封装在一起构成的实体。其中属性数据是对象固有特征的描述,操作是对这些属性数据施加的动态行为,是一系列的实现步骤,通常称为方法。

封装：封装是一种数据隐藏技术，在面向对象程序设计中可以把数据和与数据有关的操作集中在一起形成类，将类的一部分属性和操作隐藏起来，不让用户访问，另一部分作为类的外部接口，用户可以访问。

数据抽象：抽象的作用是表示同类事物的本质，C++中的数据类型就是对一批具体的数的抽象。

类是对象的抽象，对象是类的特例。

继承：在面向对象程序设计中，继承是指新建的类从已有的类那里获得已有的属性和操作。

多态：在面向对象程序设计中，多态性是指相同的函数名可以有多个不同的函数体，即一个函数名可以对应多个不同的实现部分。

3. 对象是一个封装体，在其中封装了该对象所具有的属性和操作。对象作为独立的基本单元，实现了将数据和数据处理相结合的思想。此外，封装特性还体现在可以限制对象中数据和操作的访问权限，从而将属性"隐藏"在对象内部，对外只呈现一定的外部特性和功能。封装性增加了对象的独立性，C++通过建立数据类型——类，来支持封装和数据隐藏。一个定义完好的类一旦建立，就可看成完全的封装体，作为一个整体单元使用，用户不需要知道这个类是如何工作的，而只需要知道如何使用就行。另外，封装增加了数据的可靠性，保护类中的数据不被类以外的程序随意使用。这两个优点十分有利于程序的调试和维护。

4. 公有成员用 public 来说明，往往是一些操作（即成员函数），它是提供给用户的功能接口。这部分成员不但可以被类中的成员函数访问，还可以在类的外部，通过类的成员进行访问。

私有成员用 private 来说明，通常是一些数据成员，这些成员用来描述该类对象的属性，用户在类的外部是无法访问它们的，即不能通过对象加以访问。只有类中的成员函数或经特殊说明的函数才可以访问它们，它们是类中被隐藏的部分。

5. 友元提供了不同类的成员函数之间、类的成员函数与一般函数之间进行数据共享的机制，提高了编程的灵活性，在某些情况下可以提高程序的执行效率。但是它们却与面向对象编程的某些原则相悖，破坏了类的封装性和数据的隐藏性。

6. 构造函数是一个特殊的成员函数，其功能是在创建对象时，使用特定的值将对象的数据成员进行初始化，为对象分配空间。构造函数有以下一些特性。

① 构造函数的名字必须与类名相同。

② 构造函数可以有任意类型的参数，但不能指定返回类型，它有隐含的返回值，该值由系统内部使用。

③ 构造函数可以有一个参数，也可以有多个参数，即构造函数可以重载。

④ 构造函数体可以写在类体内，也可以写在类体外。

⑤ 构造函数与一般函数和成员函数一样可以带默认参数。

⑥ 构造函数一般被声明为公有函数。程序中不能直接调用构造函数，在创建对象时由系统自动调用。

析构函数也是一个特殊的成员函数，其功能与构造函数的功能正好相反，是当对象被撤销时，释放该对象所占据的存储空间。一般情况下，析构函数的执行顺序与构造函数相反。

析构函数的名字与类名相同,在名字前面加上"～"字符,用来与构造函数加以区别。析构函数不指定数据类型,也没有参数。析构函数是成员函数,函数体可写在类体内,也可写在类体外。析构函数不能重载,即一个类只能定义一个析构函数。析构函数可以由程序调用,也可以由系统自动调用。

7. 使用对象指针作为函数参数可以实现传址调用,即可在被调用函数中改变调用函数的参数对象的值,实现函数之间的双向信息传递。同时,使用对象指针作为函数的参数,实参仅将对象的地址值传递给形参,并不需要进行实参和形参对象间值的拷贝,也不必为形参分配空间,这样可以提高程序的运行效率,节省时间和空间的开销。使用对象作为函数参数实现传值调用不可在被调用函数中改变调用函数的参数对象的值。

8. this指针也是一个指向对象的指针,不过比较特殊。它隐含在类的成员函数中,用来指向成员函数所属类的正在被操作的对象。

五、编程题

1.

```cpp
#include<iostream>
#include<string>
using namespace std;
class student
{
int num;
string name;
int age;
public:
student(){num=0;name='\0';age=0;}
student(int,string,int);
void show();
};
student::student(int a,string b,int c):num(a),name(b),age(c){}
void student::show()
{
cout<<"student number:"<<ends<<num<<endl;
cout<<"name:"<<ends<<name<<endl;
cout<<"age:"<<ends<<age<<endl;
}
int main()
{
student s1(200803986,"xy",23);
s1.show();
return 0;
}
```

2.
```cpp
#include <iostream>
#include <cmath>
using namespace std;
class Rectangle {
    double left, top ;
    double right, bottom;
public:
    Rectangle(double l = 0, double t = 0, double r = 0, double b = 0);
    ~ Rectangle(){};
    void Assign(double l,double t,double r,double b);
    double getLeft(){ return left;}
    double getRight(){ return right;}
    double getTop(){return top;}
    double getBottom(){return bottom;}
    void Show();
    double Area();
    double Perimeter();
};
Rectangle::Rectangle(double l, double t, double r, double b) {
    left = l; top = t;
    right = r; bottom = b;
}
void Rectangle::Assign(double l, double t, double r, double b){
    left = l; top = t;
    right = r; bottom = b;
}
void Rectangle::Show(){
    cout <<"left - top point is ("<< left <<","<< top <<")"<<'\n';
    cout <<"right - bottom point is ("<< right <<","<< bottom <<")"<<'\n';
}
double Rectangle::Area(){
    return fabs((right - left) * (bottom - top));
}
double Rectangle::Perimeter(){
    return 2 * (fabs(right - left) + fabs(bottom - top));
}

int main(){
```

```
        Rectangle rect;
        rect.Show();
        rect.Assign(100,200,300,400);
        rect.Show();
        Rectangle rect1(0,0,200,200);
        rect1.Show();
        Rectangle rect2(rect1);
        rect2.Show();
        cout <<"面积"<< rect.Area()<<'\t'<<"周长"<< rect.Perimeter()<< endl;
        return 0;
    }
3.
# include < iostream >
# include < cmath >
using namespace std;
class Circle{
        double r,Area,Circumference;
public:
        Circle(double a = 0);
        Circle(Circle &);

        void SetR(double R);
        double GetR(){return r;}
        double GetAreaCircle(){return Area;}
        double GetCircumference(){return Circumference;}
};
Circle::Circle(double a){
        r = a;
        Area = r * r * 3.14159265;
        Circumference = 2 * r * 3.14159265;
    }
Circle::Circle(Circle & cl){
        r = cl.r;
        Area = cl.Area;
        Circumference = cl.Circumference;
    }

void Circle::SetR(double R){
        r = R;
```

```
    Area = r * r * 3.14159265;
    Circumference = 2 * r * 3.14159265;
}

int main(){
    Circle cl1(2) ,cl2,cl3 = cl1;
    cout <<"圆半径:"<< cl3.GetR()<<'\t'<<"圆周长:"<< cl3.GetCircumference()
        <<'\t'<<"圆面积:"<< cl3.GetAreaCircle()<< endl;
    cl2.SetR(4);
    cout <<"圆半径:"<< cl2.GetR()<<'\t'<<"圆周长:"<< cl2.GetCircumference()
        <<'\t'<<"圆面积:"<< cl2.GetAreaCircle()<< endl;
    return 0;
}
4.
#include < iostream >
#include < cstring >
using namespace std;
enum Tsex{mid,man,woman};
class Person{
    char IdPerson[19];
    char Name[20];
    Tsex Sex;
    int Birthday;
    char HomeAddress[50];
public:
    Person(char * ,char * ,Tsex,int,char * );
    Person(Person &);
    Person();
    ~Person();
    void PrintPersonInfo();
    void inputPerson();
};
Person::Person(char * id,char * name,Tsex sex,int birthday,char * homeadd){
    cout <<"构造 Person"<< endl;
    strcpy(IdPerson,id);
    strcpy(Name,name);
    Sex = sex;
    Birthday = birthday;
    strcpy(HomeAddress,homeadd);
```

```
    }
Person::Person(){
    cout <<"缺省构造 Person"<< endl;
    IdPerson[0] = '\0';Name[0] = '\0';Sex = mid;
    Birthday = 0;HomeAddress[0] = '\0';
}
Person::Person(Person & Ps){
    cout <<"拷贝构造 Person"<< endl;
    strcpy(IdPerson,Ps.IdPerson);
    strcpy(Name,Ps.Name);
    Sex = Ps.Sex;
    Birthday = Ps.Birthday;
    strcpy(HomeAddress,Ps.HomeAddress);
}
Person::~Person(){
    cout <<"析构 Person"<< endl;
}
void Person::inputPerson(){
    char ch;
    cout <<"请输入身份证号,18 位数字:"<< endl;
    cin.getline(IdPerson,19);
    cout <<"请输入姓名:"<< endl;
    cin.getline(Name,20);
    cout <<"请输入性别 m 或 w:"<< endl;
    cin >> ch;
    if(ch == 'm') Sex = man;
    else Sex = woman;
    cout <<"请输入生日,格式 2000 年 8 月 20 日写作 20000820:"<< endl;
    cin >> Birthday;
    cin.get();
    cout <<"请输入地址:"<< endl;
    cin.getline(HomeAddress,50);
}
void Person::PrintPersonInfo(){
    int i;
    cout <<"身份证号:"<< IdPerson <<'\n'<<"姓名:"<< Name <<'\n'<<"性别:";
    if(Sex == man)cout <<"男"<<'\n';
    else if(Sex == woman)cout <<"女"<<'\n';
        else cout <<""<<'\n';
```

```
        cout <<"出生年月日:";
        i = Birthday;
        cout << i/10000 <<"年";
        i = i % 10000;
        cout << i/100 <<"月"<< i % 100 <<"日"<<'\n'<<"家庭住址:"<< HomeAddress <<'\n';
}


int main(){
Person   Ps1("360103200008201111","张三",man,20000820,,"南昌市"),Ps2(Ps1),Ps3;
        Ps1.PrintPersonInfo();
        Ps2.PrintPersonInfo();
        Ps3.inputPerson();
        Ps3.PrintPersonInfo();
        return 0;
}
5.
# include "stdafx.h"
# include < iostream >
using namespace std;
class complex
{
public:
        complex(){real = imag = 0;   }
        complex(double r,double i){   real = r;imag = i;}
        complex operator * (const complex &c);
        friend void print(const complex &c);
private:
        double real,imag;
};
inline complex complex::operator * ( const complex &c)
{ return complex( (real * c.real - imag * c.imag),(real * c.imag + imag * c.real));
}
void print(const complex &c)
{   cout << c.real <<" + "<< c.imag <<"i";
}
void main()
{     complex c1(2.0,3.0),c2(4.0, - 2.0),c3;
        c3 = c1 * c2;
        cout <<"c1 * c2 = ";
```

```
        print(c3);
}
6.
#include<iostream>
using namespace std;
class Complex
{
private：
double real;
double imag;
public：
Complex(){real=0;imag=0;}
Complex(double r,double i):real(r),imag(i){}
friend Complex operator+(Complex &c1,Complex &c2);
void display();
};
void Complex::display()
{
cout<<real<<"+"<<imag<<"i"<<endl;
}
Complex operator+(Complex &c1,Complex &c2)
{
return Complex(c1.real+c2.real,c1.imag+c2.imag);
}
int main()
{
Complex c1(3,4);
Complex c2(4,2.3);
Complex c3;
c3=c1+c2;
c3.display();
return 0;
}
```

第15章参考答案

一、选择题

1. C 2. A 3. B 4. C 5. D 6. D 7. C 8. A 9. C 10. C 11. A 12. B
13. C 14. D 15. D

二、填空题

1. 继承

2. 单

3. 继承方式

4. 多态

5. 多继承

6. 编译

7. 私有

8. 静态联编

三、程序阅读题

1.

a:10

a:5

b:5,10

2.

Base(10)

Derived(10,20)

10 20

～Derived()

～Base()

3.

fulei 的构造函数

fulei 的构造函数

zilei 的构造函数

吃方法

吃方法

喝方法

zilei 的析构函数

fulei 的析构函数

fulei 的析构函数

4.

a prog...

a prog...

c prog...

5.

Total area:4

Total area:12

Total area:16

Total area:40

Total area:40

四、简答题

1. 如果派生类声明了一个和某个基类成员同名的新成员(当然如果是成员函数,参数表也必须一样,否则是重载),派生类中的新成员就屏蔽了基类同名成员,类似函数中的局部变量屏蔽全局变量,称为同名覆盖。

2. 析构函数的功能是做善后工作,析构函数无返回类型,也没有参数,情况比较简单。派生类析构函数定义格式与非派生类无任何差异,不要编写对基数和成员对象的析构函数的调用,只要在函数体内对派生类进行新增一般成员处理就可以了,因为系统会自己调用成员对象和基类的析构函数来完成对新增的成员对象和基类的善后工作。

3. 凡是基类所能解决的问题,公有派生类都可以解决。在任何需要基类对象的地方都可以用公有派生类的对象来代替,这条规则称为赋值兼容规则。它包括以下几种情况。

(1)派生类的对象可以赋值给基类的对象,这时是把派生类对象中从对应基类中继承来的成员赋值给基类对象。反过来不行,因为派生类的新成员无值可赋。

(2)可以将一个派生类对象的地址赋给其基类的指针变量,但只能通过这个指针访问派生类中由基类继承来的成员,不能访问派生类中的新成员。同样,也不能反过来做。

(3)派生类对象可以初始化基类的引用。引用是别名,但这个别名只能包含派生类对象中由基类继承来的成员。

五、编程题

1.
```cpp
#include<iostream>
using namespace std;
class Dot
{
public:
int x;
int y;
Dot(){}
};
class Circle:public Dot
{
private:
int r;
public:
Circle():Dot(){}
void get();
void area();
void show();
};
```

```
void Circle::get()
{
cout <<"输入圆心坐标、圆的半径:"<< endl;
cin >> x >> y >> r;
}
void Circle::area()
{
double s = 0;
s = 3.14159 * r * r;
cout <<"圆的面积是:"<< s << endl;
}
void Circle::show()
{
cout <<"圆心坐标是:("<< x <<","<< y <<")"<< endl;
cout <<"圆的半径是:"<< r << endl;
}
int main()
{
Circle d;
d.get();
d.area();
d.show();
return 0;
}
```

2.

(1)

```
class JILEI:
{public:
int type;
JILEI()
{type = 0;}
};
```

(2)

```
class RECTANGLE: public JILEI
{public:
int a,b;
RECTANGLE ( int c, int d)
```

```
{a = c;
b = d;
cout <<"num:" << num << endl;
cout <<"name:" << name << endl;
}
void show ()
{
cout <<" 边长 a = : "<< a << endl;
cout <<" 边长 b = : "<< b << endl;
}
float area ()
{return a * b;}
};
```

(3)

```
int main()
{
    RECTANGLE xx(6,9);
    xx.area();
    return 0;
}
```

3.

```
# include < iostream >
using namespace std;
class Rectangle:public Shape
{public:
Rectangle(float i,float j):L(i),W(j){}
~Rectangle(){}
float GetPerim()
{return 2 * (L + W);}
private:
float L,W;
};
class Circle:public Shape
{public:
Circle(float r):R(r){}
float GetPerim()
{return 3.14 * 2 * R;}
```

```
private:
float R;
};
void main()
{Shape * sp;
sp = new Circle(10);
cout << sp -> GetPerim ()<< endl;
sp = new Rectangle(6,4);
cout << sp -> GetPerim()<< endl;
}
```

4.

```
#include < iostream >
using namespace std;
class vehicle
{protected:
int wheels;//车轮数
float weight;//重量
public:
void init(int wheels,float weight);
int get_wheels();
float get_weight();
void print();
};
void vehicle::init(int wheels,float weight)
{this -> wheels = wheels;
this -> weight = weight;
cout << wheels << endl;
}
int vehicle::get_wheels()
{return wheels;
}
float vehicle::get_weight()
{return weight;}
void vehicle::print()
{cout <<"车轮数:"<< wheels <<","<<"重量:"<< weight << endl;}
class car:public vehicle
{private:
```

```
        int passengers;
public:
void init(int wheels,float weight,int pass);
int getpassenger();
void print();
};
void car::init(int wheels,float weight,int pass)
{vehicle::init(wheels,weight);
passengers = pass;
}
int car::getpassenger()
{return passengers;}
void car::print()
{vehicle::print();
cout <<"可载人数:"<< passengers << endl;
}
void main()
{car c1;
c1.init(4,3,30);
c1.print();
}
5.
#include< iostream >
using namespace std;
class Shape
{public:
virtual double area()   const = 0;
};
class Square:public Shape
{public:
Square(double s):side(s){}
double area() const{return side * side;}
private:
double side;
};
class Trapezoid:public Shape
{ public:
```

```
Trapezoid(double i,double j,double k):a(i),b(j),h(k)
{  }
double area() const{   return ((a + b) * h/2);   }
private：
double a,b,h;
};
class Triangle:public Shape
{  public：
Triangle(double i,double j):w(i),h(j)
{  }
double area()    const{    return(w * h/2);}
private：
double w,h;
};
void main()
{   Shape  * p[5];
Square se(5);
Trapezoid td(2,5,4);
Triangle te(5,8);
p[0] = &se;
p[1] = &td;
p[2] = &te;
double da = 0;
for(int i = 0;i < 3;i + + )
{    da + = p[i] - > area();}
cout <<"总面积是:"<< da << endl;
}
6.
(1)
# include < iostream >
# include < string >
using namespace std;
class Mammal
{  public：
virtual void bark()
{    cout <<"嗷嗷"<< endl;   };
```

```
}
(2)
class Dog：public Mammal
{   public：
virtual void bark()
{     cout <<"汪汪" << endl；   }
};
(3)
void main()
{
Mammal ma1;
Dog do1;
ma1. bark();
Mammal  * P1;
P1 = & do1;
P1 - > bark();
}
```

(4)

嗷嗷

汪汪

附录 2　关于主函数中两个参数的解释

以下是解释两个参数实例的程序，该程序类型为 Win32 控制台应用程序，将该项目及解决方案名称均设定为 test。

```
#include "stdafx.h"
#include<iostream>  //另外一种包含 iostream 文件的写法
using namespace std;
int main(int argc, char * argv[])
{
cout << "argc = " << argc << endl;
for (int i = 0; i<argc; i++)
cout <<"argv["<< i <<"] = "<< argv[i] << endl;
return 0;
}
```

从附图 2.1 所示的结果可以看出，表示命令行参数个数的变量 argc＝1；表示指向字符串数组的指针（每个字符串对应一个参数）argv[0] 的值是可执行文件 test.exe 的完整路径。为更深一步理解这两个参数，依次选择 Windows 系统左下角的"开始"→"所有程序"→"附件"→"命令提示符"选项（以 Windows7 操作系统为例，其他操作系统也可以类似调出命令提示符窗口）。如附图 2.2 所示，在命令提示符窗口的 C:\Users\Clock >（这个是默认工作路径，不同的计算机默认的工作路径会有所不同）后面输入"f:"，按"Enter"键，表示进入磁盘 F；之后输入："cd cppprogram\test\debug"，按"Enter"键，表示进入 F 盘下的目录"cppprogram\test\debug"；进入该目录后输入命令"test.exe　a　b　c"，按"Enter"键，表示在 debug 目录下运行可执行文件 test.exe，并传递三个参数 a、b、c，可以看到程序执行的结果 argc＝4，表示共有 4 个命令行参数，第 1 个是 test.exe，这里与附图 2.1 有所不同，因为当前已经进入了 debug 子目录，而 test.exe 文件就在此目录下，所以没有必要写出 test.exe 文件的完整路径。第 2～4 个参数分别为 a、b、c。

```
C:\windows\system32\cmd.exe
1argc = 1
argv[0] = F:\cppprogram\win32\Debug\test.exe
请按任意键继续. . .
```

附图 2.1　主函数中参数示例程序结果

附图 2.2　查看两个参数的具体内容

附录 3　对多张表的增删改查

例 9-6 对学生信息和选课信息进行了增删改查以及依据课程名修改课程号的操作，上述方法可以进一步推广到依据任意字段修改任意字段。

（1）为了同时对学生信息、课程信息和选课信息进行修改、删除和查看，需要先对界面做一个调整，如附图 3.1 所示，其中“表名：”右侧图标为 ComboBox3，右击 ComboBox3，调出属性面板，找到 Items，单击 Items 右侧空白处，则可以看到图标，单击该图标，在弹出的窗口中依次输入 xsxx（描述学生信息的表）、course（描述课程信息的表）、sc（描述选课信息的表），如附图 3.2 所示。ComboBox3 下面依次是 ComboBox1 和 ComboBox2，在它们的 Items 中依次输入 sid，sname，ssex，cid，cname，score。

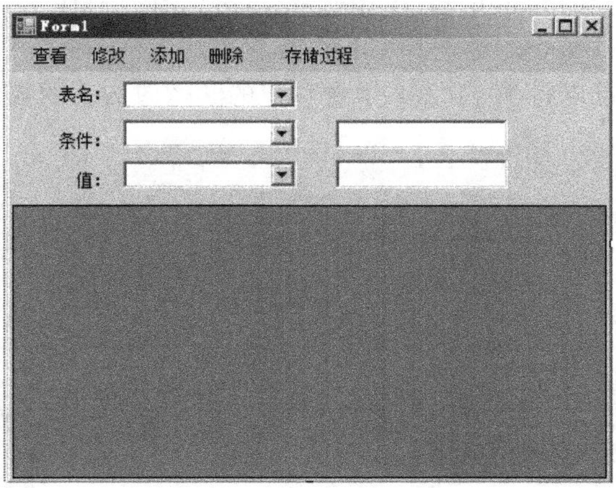

附图 3.1　更新后的界面

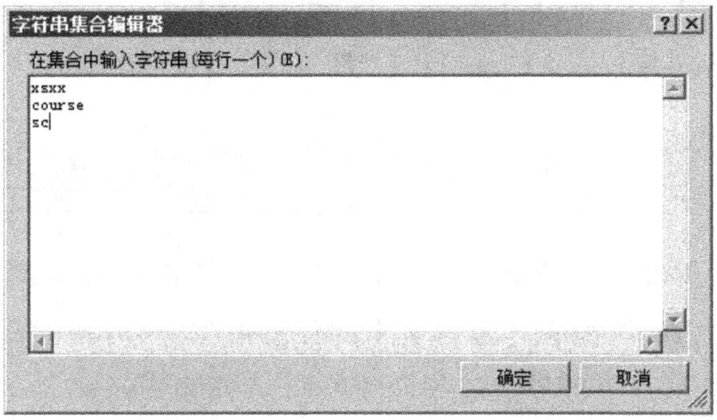

附图 3.2　设置 ComboBox3 的 Items 属性

（2）使用菜单项"查看"可以浏览课程、学生和选课的信息。可以模仿例 9-6 的第（2）步，将语句

String sql = "select * from course";

改为

String sql = "select * from " + comboBox3 -> Text + ""; //注意 from 后面有一个空格

查看时，先在 ComboBox 的下拉菜单中选择表名，然后单击查看就可以看到对应表格中的数据。

（3）依据课程名修改课程号。将例 9-6 第（5）步关键性代码

String sql = "update course set cname = '" + textBox1 -> Text + "' where cid = '" + textBox2 -> Text + "'";

改为

String sql = "update " + comboBox3 -> Text + " set " + comboBox2 -> Text + " ='" + textBox2 -> Text + "' where　" + comboBox1 -> Text + " ='" + textBox1 -> Text + "'";

这样，就可以更改 3 张表中任意一张表的内容，同时可以依据任意一个字段修改其他的字段。例如，将学生表中学号为 10040102 的学生姓名改为王丽霞，则可以先将表名选择为"xsxx"，然后在表名下面的 ComboBox1 中选择 sname，在 TextBox1 中填入王丽霞，接着在 ComboBox 下方的 ComboBox2 中选择 sid，在其右边的 TextBox2 中填入 10040102，最后单击菜单栏中的修改，就可以将 10040102 学号对应的学生改为王丽霞，如附图 3.3 所示。

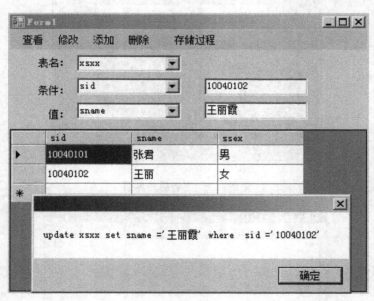

附图 3.3　将学号为 10040102 的学生姓名改为王丽霞

（4）可以删除学生表、课程表和选课表中的任意数据，只需将例 9-6 中第（7）步的代码

String sql = "delete course where cname = '" + textBox1 -> Text + "'";

改为

String sql = "delete　" + comboBox3 -> Text + " where　" + comboBox1 -> Text + " ='" + textBox1 -> Text + "'";

这样就可以删除 3 张表中任何一条数据。运行时,如附图 3.4 所示,以删除 course 表中编号为 011 的课程为例,在表名中选择 course,在"条件:"右侧 ComboBox1 中选择 cid,再在其右侧的 textBox2 中填写 011,然后选择菜单中的删除命令,就可以删除 011 的课程了。

附图 3.4　删除编号为 011 的课程

（5）关于增加,由于各个表中的字段数量不同,因此可以为 3 张表添加 3 个窗体,并在菜单中添加 3 个子菜单,让 3 子菜单指向 3 个窗体,然后在各自的窗体中完成添加的操作,具体见参考文献[2]中例 9-20,有兴趣的读者可以尝试自己完成。